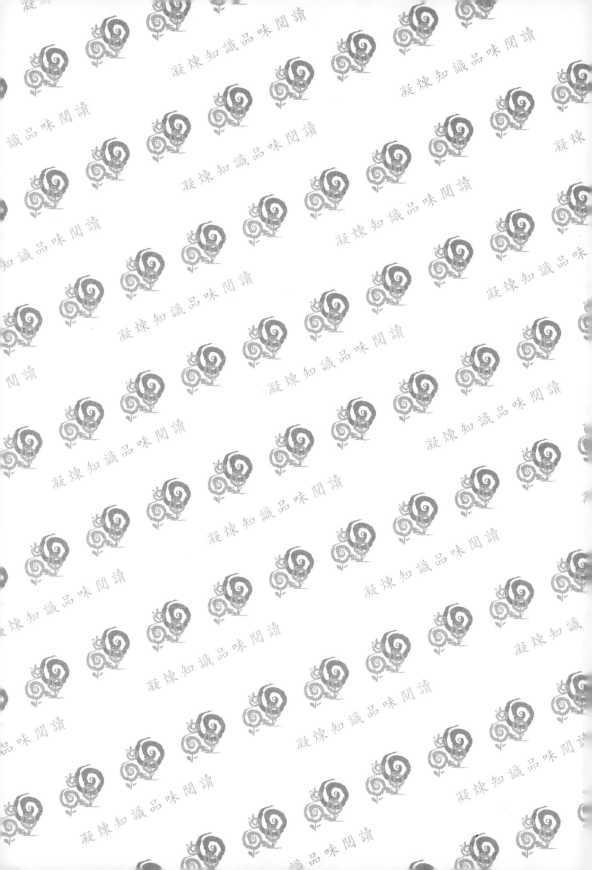

五南圖書出版公司 印行

圖解

品管統計方法

陳耀茂 / 編著

閱讀文字

理解內容

觀看圖表

圖解讓
品管統計
更簡單

自序

日本產品的品質良好，在世界上有目共睹，可以說是一級（First Class）的品質。這可以說是日本的各企業實踐品質管理活動的成果。品質管理的目的是在於保證顧客要求的品質。為了達成此目的，有很多企業紛紛著手全公司的品質管理活動（Total Quality Management, TQM）。為了有效地推進品質管理，企業活動中收集有關品質之資料，解析資料的方法就顯得需要。此處將此常用的統計方法總稱為品管的統計方法（Statistical Quality Control, SQC）。

Karl Pearson 曾說：「統計學是科學的文法（Statistics is the grammar of science）」，統計學是在資料分析的基礎上進行測量、收集、整理、歸納、分析資料，以便提出正確資訊，作出最適判斷的科學。這一門學科自 17 世紀中葉產生並逐步發展起來，如今它廣泛地應用在各門學科，從自然科學、社會科學到人文學科，甚至被用於工商業及政府的決策資訊之中。隨著大量資料時代的來臨，統計的面貌也逐漸改變，並且與資訊、計算等領域密切結合，是資料科學中的重要主軸之一。

本書的構成如下。

第 1 章是解說收集數據之後如何將雜亂無章的數據加以整理成有用的決策資訊，提出平均值等的基本統計量、數據的標準化與偏差值、散佈圖與相關係數、莖葉圖、箱型圖以及單迴歸分析，至於複迴歸分析，則容於第 5 章中再行說明。

第 2 章是為了能理解品質管理所利用的統計手法為此解說所需的基礎知識。此包括機率分配、常態分配、工程能力指數等。

第 3 章是從數據推測母體中想知道之值。這包括統計分析的代表性手法即估計與檢定，也對品質管理的代表性手法即管制圖進行解說，此外也介紹抽樣檢驗的技巧。

第 4 章是實驗計畫法又稱實驗設計，英文原名為 DOE（Design of Experiments 或 Experimental Design）是一套經濟有效的系統性實驗程序，以協助工程師進行實驗設計、設計出最少次數的實驗配置，以及實驗完成後客觀地解析方法，因此實驗計畫法包含二個主要程序：(1) 實驗設計：規劃進行最少實驗次數，但期能獲得充分的實驗數據。(2) 結果解析：實驗結果分析以獲取有效、客觀結論。

第 5 章是多變量分析法（multivariate analysis）是泛指同時分析兩個以上變數的計量分析方法。在實際的情況中，我們所關心的某種現象通常不只跟另一個變數有關係，譬如會影響醫院績效的變數不只是醫院的屬性而已，可能還與醫院本身的經營策略、醫院所在的地區、健保給付方式等有密切關係，因此多變量分析應該對實際的研究工作較有幫助。不過多變量分析的數理推論與運算過程比較複雜，如果要靠人去進行相當費時費工，但是在電腦時代，這些繁複運算便不成問題，因此多變量分析漸漸被廣泛運用。最常見的多變量分析是複迴歸分析（multiple regression），除此之外，品管的研究中還用到許多其他的多變量分析分法，諸如主成分分析、判別分析等。

第 6 章的田口方法是田口玄一（Taguchi Genichi）博士於 1950 年代所開發倡導。利用簡單的直交表實驗設計與簡潔的變異數分析，以少量的實驗數據進行分析，可有效提升產品品質。田口方法最大的特點在於以較少的實驗組合取得有用的資訊，此章包括最少所需的參數設計及 MT 系統。

第 7 章則是概略說明統計分析常使用的 EXCEL，尤其是它附加的〔資料分析〕之程式，更是統計分析及計算機率時經常使用的軟體，此外 EXCEL 本身也提供各種分配計算機率的機率函數公式，非常容易得心應手。

本書是以圖解方式簡明地說明品管所使用的統計方法，以及利用 Excel 的資料分析，不妨以此作為敲門磚再參閱其他相關書籍，以補充不足之處。

陳耀茂 謹誌於
東海大學企管系所

第1章
數據的整理

1-1 平均、變異數、標準差

表徵數據的特徵並掌握資訊。

- 此爲統計分析中所有計算之基本
- 統計分析的主要計算與事前檢討的計算
- 中心位置的掌握
- 變異大小的掌握

1.基本事項

收集連續性數值的數據稱爲計量值數據,由 n 個計量值數據 $x_1, x_2, \cdots, x_n$ 可將平均 $\overline{x}$、平方和 S、標準差 s、全距 R 如下計算。

$$\overline{x} = \frac{x_1 + x_2 + \cdots + x_n}{n}$$

$$S = (x_1 - \overline{x})^2 + (x_2 - \overline{x})^2 + \cdots + (x_n - \overline{x})^2$$

$$V = \frac{S}{n-1}$$

$$s = \sqrt{V}$$

$$R = x_{\max} - x_{\min} = (最大值) - (最小值)$$

像這樣,由數據所計算的量稱爲統計量,$\overline{x}$、V、s 分別稱爲樣本平均、樣本變異數、樣本標準差。求統計量一事也有稱爲「數據的表徵」。

平均是表示數據的中心位置的量。其他均是表示數據的變異大小之量。

平方和與變異的單位是數據的單位的平方。標準差與全距是與數據保持相同單位。除平均之外,以數據的中心位置的尺度來說,有中央值(median)、截尾平均〔從去除(trimmed)最大值與最小值之後的數據所求出的平均〕等。當有遠離的數據時,平均容易受其牽連,相對地,中位數與截尾平均則不太受其影響。

實務上,仔細確認有無偏離值之後,再使用平均爲宜。

2.想想看

問題 1

請利用以下的數據($n = 3$)計算平均、平方和、變異數、標準差、全距看看。
數據:1, 3, 5

$$\overline{x} = \frac{1 + 3 + 5}{3} = 3$$

$$S = (1 - 3)^2 + (3 - 3)^2 + (5 - 3)^2 = 8$$

$$V = \frac{8}{3-1} = 4$$

$$s = \sqrt{4} = 2$$

$$R = 5 - 1 = 4$$

問題2

比較圖1～3，分別就平均、平方和、變異數、全距，考察大小的順序。

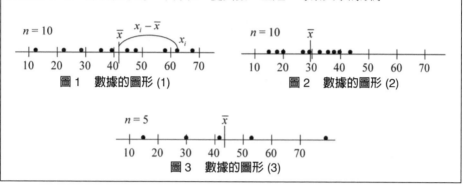

圖1　數據的圖形 (1)

圖2　數據的圖形 (2)

圖3　數據的圖形 (3)

對應圖1～3的數據如下：

圖1：12, 22, 28, 35, 39, 45, 48, 58, 63, 68

圖2：14, 17, 19, 26, 29, 32, 35, 37, 39, 43

圖3：14, 30, 41, 53, 79

利用這些求平均、平均和、變異數、全距時，即為如下：

圖1：$\bar{x} = 41.8, S = 2971.6, V = 330.2, R = 56$

圖2：$\bar{x} = 29.1, S = 882.9, V = 98.1, R = 29$

圖3：$\bar{x} = 43.4, S = 2409.2, V = 602.3, R = 65$

　　就平均來說，圖1與圖3大略相同，圖2則略小從圖中也可得知。變異的情形又是如何呢？圖2的變異最小由圖也可得知，但圖1與圖3的差異卻是微妙的。如考慮全距時，圖3比圖1略大由圖也可得知。可是，全距是只由最大值與最小值的兩個數據所決定，因之可靠性欠佳。平方和是數據個數愈增加即慢慢變大。實際上，圖1比圖3來說平方和較大，相對地，將平方和以數據個數調整後（除以 $n-1$）的變異數，圖3是最大的。那是反映「圖1中接近平均的數據較多」、「圖3的全距較大」。

小提醒

　　集中量數有平均數（Mean, μ）、中位數（Median, Md）、眾數（Mode, Mo）、幾何平均數（Geometric mean, GM）、調和平均數（Harmonic mean, HM）等。

　　變異量數有全距（range）、平均差（average deviation, AD）、標準差（standard deviation, SD）、相對差、四分差（quartile deviation）等。

3.略為詳細解說

平方和也可如下計算。

$$S = (x_1 - \overline{x})^2 + (x_2 - \overline{x})^2 + \cdots + (x_n - \overline{x})^2$$
$$= x_1^2 + x_2^2 + \cdots + x_n^2 - \frac{(x_1 + x_2 + \cdots + x_n)^2}{n}$$

如實際計算問題 1 的數據時，

$$S = 1^2 + 3^2 + 5^2 - \frac{(1+3+5)^2}{3} = 35 - \frac{9^2}{3} = 8$$

與先前所求出之值一致。

求變異數 V 時，將平方和除以 n 的作法也有，但在應用的領域中除以 $n-1$ 是主流，$n-1$ 稱為自由度。為什麼除以 $n-1$ 呢？為什麼將 $n-1$ 稱為自由度呢？嚴密地說明雖然不易，但此處可作如下說明。

平均時，n 個數據 $x_1, x_2, \cdots x_n$ 是隨機所收集的獨立資訊，因為將數據的和除以 n，有如「平均化」。

相對地，平方和 S 是 n 個偏差 $x-\overline{x}$ 的平方和。外表上是 n 個之和，如不平方照樣將偏差相加時

$$(x_1 - \overline{x}) + (x_2 - \overline{x}) + \cdots + (x_n - \overline{x})$$
$$= x_1 + x_2 + \cdots + x_n - n\overline{x}$$
$$= n\overline{x} - n\overline{x}$$
$$= 0$$

也就是說，第 n 個偏差 $x_n - \overline{x}$，可從前面 $n-1$ 個的偏差之值所決定。亦即，可自由取得偏差之個數是 $n-1$，因之稱為自由度。求變異數時，想成有 $n-1$ 個資訊量（自由度），以 $n-1$ 去除將變異「平均化」。

知識補充站

統計品管學家小傳：戴明

戴明（William Edwards Deming），生於美國愛荷華州蘇城，畢業於耶魯大學，物理學博士。美國統計學家、作家、講師及顧問。1928 年在耶魯大學獲數學物理博士學位。後來在紐約大學任教長達 46 年。

1950 年他受邀到日本向該國公司的高階主管和工程師講授心法。他的觀念是系統地檢查產品的瑕疵，分析缺點的成因並加以修正，並記錄隨後品質改變的效果，他的這些觀念被日本公司急切地採納，結果使日本產品攻占了世界的許多市場。自 1950 年以來，戴明多次於日本發表在管理學方面的演說，內容包括改進設計、服務、透過統計學上的變異數分析、假設檢定等方法進行的產品品質、測試。1951 年日本設立戴明獎，以獎勵在嚴格的品質管理競賽中獲得優勝的公司。戴明博士對日本的貢獻影響了日本的製造業及工商業，在日本被視為英雄人物之一，但在美國則在他於華盛頓特區逝世後才開始成名。

戴明初期在美國農業部展開人口普查，發明了人口普查的抽樣方法。在 1927 年讀博士期間結識了休哈特（W. A. Shewhart），並接觸到統計製程管制（SPC）理論，開始了長期亦師亦友的合作。畢業後，在農業部就職期間，還利用休假，到英國倫敦與費雪一起從事了一年的統計學研究。在二戰中，他們一起從事軍工企業內推廣 SPC 的工作。戰後，他受美國政府派遣到日本協助人口普查，同時受日本科學家和工程師協會邀請，在日本工業界宣揚統計製程管制和全面品質管理，持續改善等管理理念。他的演講獲得巨大的歡迎，他被多次邀請前往日本指導品質管理，實施統計製程管制，全日本工業界掀起了應用統計製程管制和全面品質管理的熱潮。戰後日本經濟快速崛起，統計製程管制和全面品質管理被認為是重要的助推器，戴明在日本獲得如日中天的聲譽。1956 年裕仁天皇授予他二等珍寶獎。日本科學家和品質工程師協會把年度品質獎命名為戴明獎。

其後戴明回到美國，開始自己的顧問業務。但是戰後的美國陶醉於唾手可得的市場擴張，很少有人問津 SPC 和全面品質管理等理念，戴明在美國可以說默默無聞。但是隨著日本、德國等國的崛起，美國製造業每況愈下。終於在 1980 年，NBC 製作一檔紀錄片節目《日本能，我們為何不能？》，戴明作為嘉賓講述日本的品質管理，全美國突然發現戴明和他的 SPC 及全面品質管理。特別是福特汽車公司邀請戴明幫助他們在 80 年代初的重建取得重大成功，使得戴明得到全球工業界的歡迎，他一直忙碌於全球的諮詢業務，直到 93 歲高齡壽終。

1-2 直方圖

將數據的變異描在圖上。

· 掌握中心位置與變異的大小（現狀掌握）
· 與規格之比較或異常值之確認（現狀掌握）
· 層別的檢討（要因分析）
· 對策後掌握變異的情形（確認效果）

1.基本事項

收集連續性數據之數據稱為計量值數據。當有許多計量值數據時，將數據的範圍分成幾個區間，計數各區間所屬的數據個數（稱為次數）製作次數分配表。

依據次數分配表，縱軸取成次數，橫軸取成區間，繪製直方圖（Histogram）。直方圖中要記入平均線。有規格時，也要記入規格線。規格上限（Upper specification）表示成 SU，規格下限（Lewer specification）表示成 SL。

如畫出直方圖時，要考察「中心位置」、「變異的大小」、「分配形狀」、「與規格的比較」、「異常值之有無」等。

2.想想看

問題 1

以兩台製造機 A 與 B 所製造的產品，從其長度的數據所得出的直方圖如圖 1 所示。由圖 1 可以考察出什麼呢？

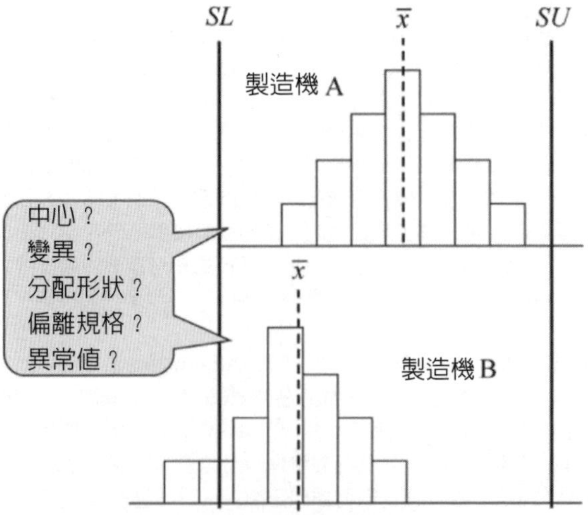

圖 1　兩個直方圖的比較 (1)

在製造機 A 方面,長度均落在規格內。平均與規格的中心相比略為偏右。在製造機 B 方面,平均偏離規格中心位在右側,出現有落在規格下限之外的情形。變異的差異似乎沒有。

製造機 A 的直方圖並未發生不符合規格的情形。可是,無法安心,如有更多的數據時,也許會發生不符合規格的情形。能否安心的評價,亦即工程能力的評價,此會在 2-4 節、3-1 節、3-2 節中說明。

問題 2

以兩台製造機 C 與 D 所製造的產品,從其長度的數據所得出的直方圖如圖 2 所示。由圖 2 可以考察什麼呢?

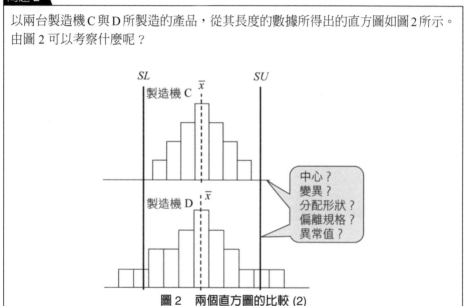

圖 2　兩個直方圖的比較 (2)

小提醒
　畫出直方圖時,要考察「中心位置」、「變異的大小」、「分配形狀」、「與規格的比較」、「異常值之有無」等。

在製造機 C 方面,長度落在規格內。平均幾乎是規格的中心。然而製造機 D,平均幾乎是規格的中心,但變異大有不符合規格的情形。

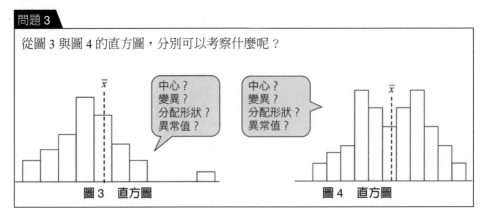

問題3

從圖3與圖4的直方圖，分別可以考察什麼呢？

中心？
變異？
分配形狀？
異常值？

中心？
變異？
分配形狀？
異常值？

圖3　直方圖

圖4　直方圖

　　圖3中右側有異常值（偏離值），受到異常值的影響，平均 $\bar{x}$ 變大。統計量因異常值受到甚大的影響，因之需要注意。有需要徹底查出異常值發生的理由。

　　圖4的直方圖是雙峰型。從兩個異質的母體中收集數據所作出的直方圖，即形成如此的形狀。如將圖4的數據妥切分層時，即可得出如圖1那樣平均不同的兩個直方圖。圖1是以製造機分層的例子。

　　亦即，層別因子是「製造機」。層別因子的備選有很多，要以什麼來層別，正是表現本事之處。

3. 略為詳細解說

　　利用以下的數據製作直方圖吧。

36	15	27	20	23	35	27	24	30	42
38	34	15	24	38	24	43	23	44	19
14	20	29	30	35	35	25	24	34	31
12	18	22	15	37	29	27	44	18	28
25	21	37	19	33	22	31	24	36	23

　　數據的個數（樣本大小）是 $n = 50$。

　　測量單位（測量的最小刻度）是 $m = 1.0$。這是在收集數據前事先決定好的。決定暫時的區間數 k。從經驗上得知取數據的平方根時，可作出容易觀看的直方圖，因之 $h = \sqrt{n} = \sqrt{50} \div 7$。

　　最大值 $x_{max} = 44$，最小值 $x_{min} = 12$，全距 R 是 $R = x_{max} - x_{min} = 44 - 12 = 32$。區間的寬度 $c = \dfrac{R}{n} = \dfrac{32}{7} = 4.57 \rightarrow 5.0$，使之四捨五入成為測量單位的數倍。最初的區間的下限當作 $x_{min} - \dfrac{m}{2} = 12 - \dfrac{1.0}{2} = 11.5$，上限當作 $11.5 + c = 11.5 + 5.0 = 16.5$。之後，以 $c = 5.0$ 的寬度依序製作區間，直到包含最大值 $x_{max} = 44$ 為止。形成 (11.5, 16.5), (16.5, 21.5), (21.5, 26.5), (26.5, 31.5), (31.5, 36.5), (36.5, 41.5), (41.5, 46.5)。

表 1　次數分配表

No.	區間	次數	相對次數
1	11.5～16.5	5	0.10
2	16.5～21.5	7	0.14
3	21.5～26.5	12	0.24
4	26.5～31.5	10	0.20
5	31.5～36.5	8	0.16
6	36.5～41.5	4	0.08
7	41.5～46.5	4	0.08
		50	1.00

　　計數各區間含有多少數據後，作出表 1 的次數分配表。將次數除以總數據數所求出者稱為相對次數，相對次數的合計是 1.00。

　　橫軸取成數據之值，縱軸取成次數，畫出如圖 5 的直方圖。

　　此處所說明的次數分配表與直方圖的製作方法，雖然看起來單純，但仍幾點要下功夫之處。

(1) 數據數如增加時，區間數會增加。

(2) 數據之值與區間的端點不一致。決定最初區間的下限時是減去 $\dfrac{測量單位}{2}$，並且，將區間寬度當作測量單位的整數倍所致。

(3) 任一區間中所包含的數據與可能出現之值的個數是相同的。譬如，在區間 (11.5, 16.5) 中有 (12, 13, 14, 15, 16) 五種數據，區間 (16.5, 21.5) 也有 (17, 18, 19, 20, 21) 五種數據。

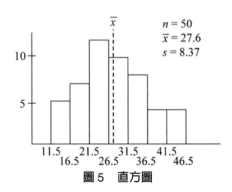

圖 5　直方圖

　　圖 5 的直方圖在右上方所記載的分別是數據數 n、平均值 $\bar{x}$、標準差 s。這些值是利用 1-1 節所敘述過的方法求得。

1-3 數據的標準化與偏差值

變換成不依存單位之量再進行比較。

> · 就數個變量，將中心變換成相同之值，且變異變換成相同之值後再比較
> · 數據解析在事前處理中的手法
> · 數個母體中相對位置的比較（現狀分析）

1.基本事項

利用 n 個計量值數據 $x_1, x_2, \cdots, x_n$，如 1-1 節中所說明的那樣，計算平均 $\bar{x}$、平方和 S、變異數 V、標準差 s。

此時，各數據如下變換，稱為數據的標準化。

$$u_1 = \frac{x_1 - \bar{x}}{s}, u_2 = \frac{x_2 - \bar{x}}{s}, \cdots, u_n = \frac{x_n - \bar{x}}{s}$$

利用標準化後之值 $u_1, u_2, \cdots, u_n$ 計算統計量時，平均成為 0，變異數與標準差成為 1。標準化之後的值不具單位。分子與分母與數據是相同的單位，單位可以不被約分，不具單位的數稱為無名數。

考試中經常出現的偏差值，是利用標準化之值 $u_1, u_2, \cdots, u_n$ 如下計算的量。

$$z_1 = 10u_1 + 50, z_2 = 10u_2 + 50, \cdots, z_n = 10u_n + 50$$

從偏差值 $z_1, z_2, \cdots, z_n$ 計算統計量時，平均成為50，變異數成為100，標準差成為10。

標準化與偏差值，在平均與變異數為相異的兩個母體中，比較數據之值是非常有幫助之量。

2.想想看

問題 1

公司內的英文考試（500 分滿分），A 先生第 1 次是 380 分，第 2 次是 420 分，分數雖然上升，但 A 先生在公司內的相對成績是否提升呢？

第 2 次的考試問題由於簡單，全員的分數變好，所以 A 先生的分數或許也有某種程度地提升吧。

只是 A 先生的分數是無法判斷的。

問題 2

如以下有兩次考試的平均與標準差的資訊時，就 A 先生的相對成績來說，知道了什麼呢？

第 1 次的考試：$\bar{x}_1 = 320, s_1 = 60$
第 2 次的考試：$\bar{x}_2 = 360, s_2 = 40$

　　任一次的考試 A 先生的成績只比平均多出 60 分。如比較標準差時，第 2 次考試的變異較小。亦即，第 2 次比第 1 次來說，分數接近平均的人數多。由此知「A 先生的分數偏離平均的程度，第 2 次比第 1 次相對地也較大」。

問題 3

將 A 先生的兩次分數標準化看看。

第 1 次：$u_1 = \dfrac{380 - 320}{60} = 1.0$

第 2 次：$u_2 = \dfrac{420 - 360}{40} = 1.5$

問題 4

將 A 先生的分數予以偏差值化看看。

第 1 次：$z_1 = 10 \times 1.0 + 50 = 60$
第 2 次：$z_2 = 10 \times 1.5 + 50 = 65$

由以上來看，即使平均與標準差均不同，但利用標準化與求偏差值，在全體中的相對位置的比較即有可能。A 先生的成績在公司內的相對位置可以說提高了。

　　考試的成績如服從 2-2 節所述的常態分配時，A 先生的成績，第 1 次由上方計數約在 16% 左右，第 2 次由上方計數約為 7% 左右。

　　只是，如此比較具有意義的是，第 1 次與第 2 次的受試者的母體是相同的時候。

知識補充站

品管故事

　　有一天動物園管理員們發現袋鼠從籠子裡跑出來了，於是開會討論，一致認為是籠子的高度過低。所以它們決定將籠子的高度由原來的十公尺加高到二十公尺。結果第二天他們發現袋鼠還是跑到外面來，所以他們又決定再將高度加高到三十公尺。沒想到隔天居然又看到袋鼠全跑到外面，於是管理員們大為緊張，決定一不做二不休，將籠子的高度加高到一百公尺。

　　一天長頸鹿和幾隻袋鼠們在閒聊，「你們看，這些人會不會再繼續加高你們的籠子？」長頸鹿問。

　　「很難說。」袋鼠說 「如果他們再繼續忘記關門的話！」

品管啟示：對症下藥才能藥到病除。只知道有問題，卻不能抓住問題的核心和根基。這是很多品質問題重複出現的主要原因，要善於從人、機、料、法、環五大因素中找出主要決定性的因素，才能有效的解決問題。

3.略為詳細解說

以下的數據如 1-1 的問題 1 所示。

數據：1, 3, 5

平均 $\bar{x} = 3$，標準差 $s = 2$。依據這些進行數據的標準化時，試求標準化之後的數據的平均、變異數、標準差。

$$u_1 = \frac{1-3}{2} = -1, u_2 = \frac{3-3}{2} = 0, u_3 = \frac{5-3}{2} = 1$$

$$\bar{u} = \frac{-1+0+1}{3} = 0$$

$$S_u = (-1-0)^2 + (0-0)^2 + (1-0)^2 = 2$$

$$V_u = \frac{2}{3-1} = 1$$

$$s_u = \sqrt{1} = 1$$

像這樣，不管原先的數據的平均與標準差是什麼，一旦標準化時，平均即成為 0，標準差即成為 1。

又，試著將以上的數據變換成偏差值後，求偏差值的平均、變異數、標準差。

$$z_1 = 10 \times (-1) + 50 = 40$$

$$z_2 = 10 \times 0 + 50 = 50$$

$$z_3 = 10 \times 1 + 50 = 60$$

$$\bar{z} = \frac{40+50+60}{3} = 50$$

$$S_z = (40-50)^2 + (50-50)^2 + (60-50)^2 = 200$$

$$V_z = \frac{200}{3-1} = 100$$

$$s_z = \sqrt{100} = 10$$

不管原先的數據的平均與標準差是什麼，如變換成偏差值時，平均成為 50，變異數成為 100，標準差成為 10。

將問題 2～4 中所求出的結果（A 先生的成績與全體的位置）整理在圖 1 中。圖 1 的曲線請想成參與各次考試者（分別當作 200 人）的分數的直方圖。

黑橢圓與黑星號是 A 先生的分數。圖 1(a) 的直方圖，由於第 1 次與第 2 次的平均與變異數不同，所以比較是困難的。利用標準化或偏差值化，A 先生的成績的相對位置的比較即為可能。

標準化與偏差值化，只是平均成為 0 或 50，標準差成為 1 或 10 之不同而已，本質上是相同的。

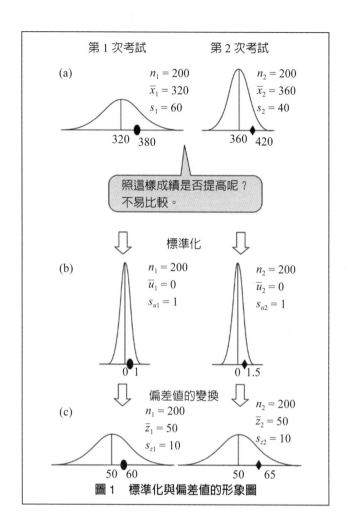

圖1　標準化與偏差值的形象圖

1-4 散佈圖與相關係數

以二次元掌握數據的變異。

- 以二次元掌握變異情形（現狀掌握）
- 異常值之有無與層別的檢討（現狀掌握、要因分析）
- 檢討 x 與 y 的關聯性（現狀掌握、要因分析）
- 多變量分析的事前檢討

1.基本事項

表 1 是 n 組的計量值數據的配對。

首先，製造散佈圖，橫軸取成原因的變數，縱軸取成結果的變數。原因、結果的關係不明確時，在時間上先行的一方取成橫軸。

表 1　計量值的數據配對

No.	x	y
1	x_1	y_1
2	x_2	y_2
⋮	⋮	⋮
n	x_n	y_n

利用散佈圖考察「異常值之有無」、「層別之需要性」、「相關的程度」。表示 x 與 y 之相關強度的相關係數 r 如下計算。

$$\overline{x} = \frac{x_1 + x_2 + \cdots + x_n}{n}, \; \overline{y} = \frac{y_1 + y_2 + \cdots + y_n}{n}$$

$$S_{xx} = (x_1 - \overline{x})^2 + \cdots + (x_n - \overline{x})^2$$

$$S_{yy} = (y_1 - \overline{y})^2 + \cdots + (y_n - \overline{y})^2$$

$$S_{xy} = (x_1 - \overline{x})(y_1 - \overline{y}) + \cdots + (x_n - \overline{x})(y_n - \overline{y})$$

$$r = \frac{S_{xy}}{\sqrt{S_{xx}S_{yy}}}$$

S_{xx} 稱為 x 的平方和，S_{yy} 稱為 y 的平方和，S_{xy} 稱為 x 與 y 的偏差積和。

相關關係滿足 $-1 \le r \le 1$，r 接近 1 時稱為有正相關，接近 -1 時稱為有負相關，接近 0 時稱為弱相關。r 幾乎是 0 時稱為無相關。

小提醒
　因果關係一定有相關關係，但相關關係不一定有因果關係，不能以相關關係來直接否定具有因果關係，還要進一步分析。

2. 想想看

問題 1

利用以下成對的數據（$n = 3$），計算平均、平方和、偏差積和、相關係數看看。
數據：$(1, 2), (2, 5), (3, 5)$

$$\bar{x} = \frac{1+2+3}{3} = 2, \ \bar{y} = \frac{2+5+5}{3} = 4$$

$$S_{xx} = (1-2)^2 + (2-2)^2 + (3-2)^2 = 2$$

$$S_{yy} = (2-4)^2 + (5-4)^2 + (5-4)^2 = 6$$

$$S_{xy} = (1-2)(2-4) + (2-2)(5-4) + (3-2)(5-4) = 3$$

$$r = \frac{3}{\sqrt{2 \times 6}} = 0.866$$

問題 2

在圖 1～7 的散佈圖中，請以直覺的方式想想相關係數大概是多少之值呢？

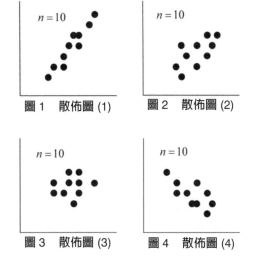

圖 1　散佈圖 (1)　　圖 2　散佈圖 (2)

圖 3　散佈圖 (3)　　圖 4　散佈圖 (4)

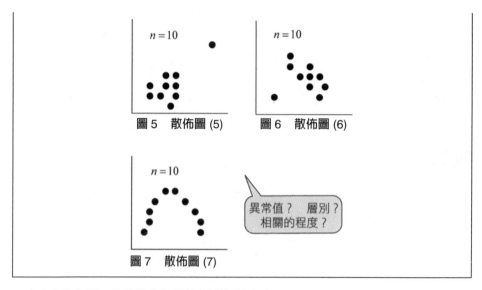

圖 5　散佈圖 (5)　　圖 6　散佈圖 (6)

圖 7　散佈圖 (7)

由畫在散佈圖上的數據實際計算相關係數時成為如下。

圖 1：$r = 0.959$，圖 2：$r = 0.060$

圖 3：$r = 0.166$，圖 4：$r = -0.716$

圖 5：$r = 0.726$（除去異常值時 $r = 0.125$）

圖 6：$r = 0.186$（除去異常值時 $r = -0.716$）

圖 7：$r = -0.068$

由圖 5 與圖 6 的計算結果似乎可知，相關係數之值受異常值之影響甚大。並且，如圖 7，儘管有明確的關係（曲線關係），但相關係數卻接近 0。相關係數是當數據有直線的傾向時，它是測量其直線性之強度的尺度。

問題 3

在圖 8 與圖 9 的散佈圖中，以直覺的方式考察整體的相關係數與層別後之相關係數是多少之值？

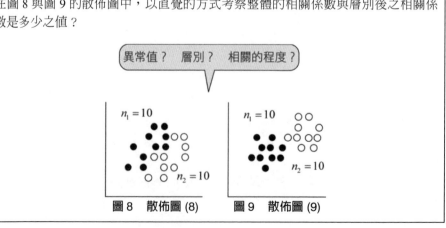

圖 8　散佈圖 (8)　　圖 9　散佈圖 (9)

從畫在散佈圖上的數據實際計算相關係數時即為如下。

圖 8 的情形　全體：$r = 0.216$

　　層 1（黑）：$r = 0.655$，

　　層 2（白）：$r = 0.634$

圖 9 的情形　全體：$r = 0.601$

　　層 1（黑）：$r = 0.031$，

　　層 2（白）：$r = -0.050$

在層別有意義時（譬如，製造機的種類），重視的並非全體的相關係數之值，而是各層的相關係數之值。

3. 略為詳細說明

說明相關係數 r 的計算原理。

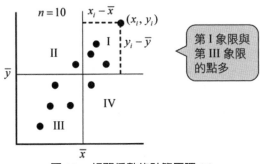

圖 10　相關係數的計算原理 (1)

請看圖 10，所描點的數據呈現直線向右上升的傾向，所以有正的相關關係。此時，r 為何是正的呢？說明如下。

在 $\overline{x}$ 與 $\overline{y}$ 的地方加入線，分割成四個領域。將這些稱為「第 I 象限」、「第 II 象限」、「第 III 象限」、「第 IV 象限」。

對第 I 象限的數據 (x_i, y_i) 來說，橫方向的偏差 $x_i - \overline{x}$ 與縱方向的偏差 $y_i - \overline{y}$ 以點線表示。對第 I 象限的數據而言，此偏差任一者均為正值，所以它們的乘積也是正。

對第 II 象限的數據 (x_i, y_i) 來說，橫方向的偏差 $x_i - \overline{x}$ 是負，縱方向的偏差 $y_i - \overline{y}$ 是正，它們的乘積是負。

同樣來想時，即為如下。

I：$x_i - \overline{x} > 0, y_i - \overline{y} > 0 \Rightarrow (x_i - \overline{x})(y_i - \overline{y}) > 0$

II：$x_i - \overline{x} < 0, y_i - \overline{y} > 0 \Rightarrow (x_i - \overline{x})(y_i - \overline{y}) < 0$

III：$x_i - \overline{x} < 0, y_i - \overline{y} < 0 \Rightarrow (x_i - \overline{x})(y_i - \overline{y}) > 0$

IV：$x_i - \overline{x} > 0, y_i - \overline{y} < 0 \Rightarrow (x_i - \overline{x})(y_i - \overline{y}) < 0$

在圖 10 中，第 I 象限與第 III 象限的數據較多，第 II 象限與第 IV 象限的數據較少，因此偏差積和即為

$$S_{xy} = (x_1 - \overline{x})(y_1 - \overline{y}) + \cdots + (x_n - \overline{x})(y_n - \overline{y}) > 0$$

相關係數 r 之值即為正。

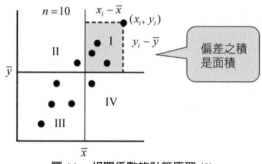

圖 11　相關係數的計算原理 (2)

此外，請看圖 11。加框部分的面積即為偏差之積 $(x_i - \overline{x})(y_i - \overline{y})$。對第 I 象限與第 III 象限的數據來說，偏差的乘積即為面積，對第 II 象限與第 IV 象限的數據來說，偏差之積即為面積的 (–1) 倍。

亦即，就第 I 象限與第 III 象限的數據來說，對應面積之量是加到 S_{xy} 的，就第 II 象限與第 IV 象限的數據來說對應面積的量是由 S_{xy} 減去的。按照如此的方式，偏差積和 S_{xy} 之值的正負或大小，亦即相關係數 r 之值的大小或正負即可決定。

接近 $(\overline{x}, \overline{y})$ 的數據，對應的面積小，因之對相關係數之貢獻即小。相對地，偏離 $(\overline{x}, \overline{y})$ 的數據，對應的面積大，因之對相關係數的貢獻即大。特別是異常值，對應的面積變得非常大，因之對相關係數就會有甚大的影響。

知識補充站

統計品管學家小傳：石川馨

石川馨 1915 年出生於日本，1939 年，畢業於東京大學工程系，主修應用化學，1947 年，他在大學任副教授，1960 年，獲工學博士學位後被提升為教授。他的《品質管制》（Quality Control）一書獲得「戴明獎」、「日本 Keizai 新聞獎」和「工業標準化獎」。1971 年，其品質管制教育項目獲美國品質管制協會「格蘭特獎章」。1981 年，他在紀念日本第 1000 個 QC 小組大會的演講中，描述了他的工作是如何將他引入這一領域的：「我的初衷是想讓基層工作人員最好地理解和運用品質管制，具體說是想教育在全國所有工廠工作的員工；但後來發現這樣的要求過高了，因此，我想到首先對工廠裡的領班或現場負責人員進行教育。」

1968 年，石川馨出版了一本為 QC 小組成員準備的非技術品質分析課本：《品質管制指南》（Guide to Quality Control）。

戴明和朱蘭訪日後，於 1955～1960 年間發起「全公司品質管制」運動。在此系統下，日本從高層管理人員到基層員工都形成了品質管制的觀點。品質管制的概念和方法可用於解決生產過程中出現的問題；用於進料管制和新產品設計管制；用於分析、幫助高層管理人員制定和貫徹政策；用於解決銷售、人員、勞動力管理和行政部門問題。此項活動之中還包括品質審核：內部審核和外部審核。

石川馨是 20 世紀 60 年代初期日本「品質圈」運動的最著名的倡導者。日本品質之所以具有競爭力，可以說幕後的推手就是品管圈，難怪朱蘭對品管圈讚嘆有加。

Note

1-5 單迴歸分析

建立 x 與 y 的關係式。

- 掌握二次元的關聯性（現狀掌握、要因分析）
- 異常值的有無、層別的檢討（現狀掌握、要因分析）
- 由 x 推測 y，或倒推成為 y 的 x（目標設定、對策研擬）

1.基本事項

針對表 1 所表示的 n 組計量值數據，在 1-4 節中製作散佈圖計算了相關係數。畫在散佈圖上的點，如呈現直線性的傾向時，可先求出非常適配數據的直線再填入散佈圖中，如此的直線稱為單迴歸直線或稱為迴歸直線（有關複迴歸分析參考第 4 章）。

表 1 計量值數據的成對數據

No.	x	y
1	x_1	y_1
2	x_2	y_2
⋮	⋮	⋮
n	x_n	y_n

在表 1 中，y（散佈圖中縱軸的變數）稱為目的變數（依變數），x（散佈圖中橫軸的變數）稱為說明變數（自變數）。

單迴歸分析是使用 1 個說明變數來說明與目的變數之關聯性，特別是說明直線性。

與單迴歸分析相對，有複迴歸分析的手法。這是使用數個說明變數說明與目的變數之關聯性的手法。容於 5-2 節中說明。

基於計算相關係數時的平均、平方和及偏差積和，將單迴歸式 $\hat{y} = a + bx$ 如下計算。$\hat{y}$（^ 讀成 hat）意指單迴歸式之值。單迴歸式是利用最小平方法求出。

$$\overline{x} = \frac{x_1 + x_2 + \cdots + x_n}{n}, \quad \overline{y} = \frac{y_1 + y_2 + \cdots + y_n}{n}$$

$$S_{xx} = (x_1 - \overline{x})^2 + \cdots + (x_n - \overline{x})^2$$

$$S_{yy} = (y_1 - \overline{y})^2 + \cdots + (y_n - \overline{y})^2$$

$$b = \frac{S_{xy}}{S_{xx}}, \quad a = \overline{y} - b\overline{x}$$

單迴歸直線適配數據之好壞是利用貢獻率 R^2 來評估的。這是定義成相關係數的平方。

$$R^2 = r^2 = \frac{S_{xy}^2}{S_{xx}S_{yy}}$$

R^2 之值是落在 0 與 1 之間。評估的指標雖依應用領域而有不同，但如果是 0.8 以上大多認為非常適配數據。0.60 以上則認為良好。

2.想想看

問題 1

利用如下的數據對（$n = 3$）計算單迴歸式與貢獻率，數據是與 1-4 節的問題 1 中的數據相同。

數據：(1, 2), (2, 5), (3, 5)

$$\bar{x} = \frac{1+2+3}{3} = 2, \ \bar{y} = \frac{2+5+5}{3} = 4$$

$$S_{xx} = (1-2)^2 + (2-2)^2 + (3-2)^2 = 2$$

$$S_{yy} = (2-4)^2 + (5-4)^2 + (5-4)^2 = 6$$

$$S_{xy} = (1-2)(2-4) + (2-2)(5-4) + (3-2)(5-4) = 3$$

$$b = \frac{3}{2} = 1.5, \ a = 4 - 1.5 \times 2 = 1$$

$$\hat{y} = 1 + 1.5x$$

$$R^2 = \frac{3^2}{2 \times 6} = 0.75$$

問題 2

圖 1～7 中如適配迴歸直線時會變成如何，不妨想像看看。並且，也考察貢獻率變成如何？另外，這些與 1-4 節的問題 2 的圖 1～7 相同。

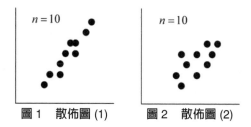

圖1　散佈圖 (1)　　　　圖2　散佈圖 (2)

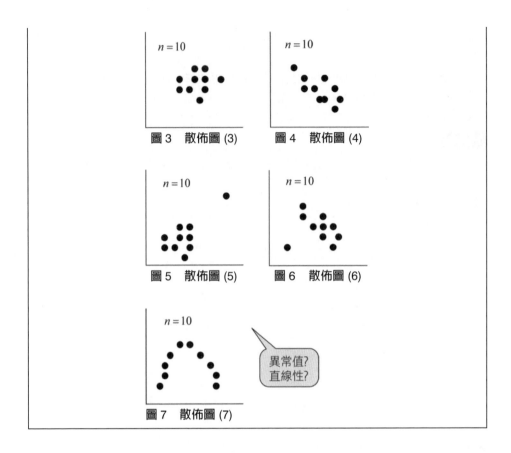

從畫在散佈圖上的數據實際計算單迴歸式與貢獻率後,再填入圖 8～14 中。

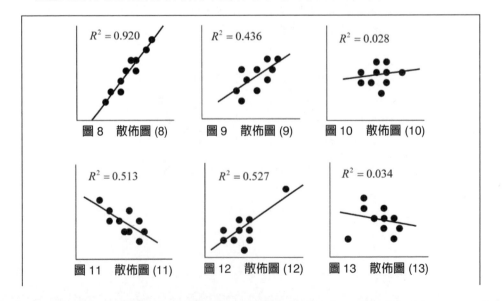

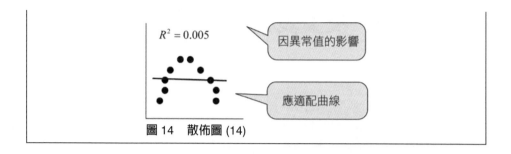

圖 14　散佈圖 (14)

　　由圖 12 與 13 來看，單迴歸直線受異常值之影響甚大是要注意的地方。並且，圖 14 是原本應適配曲線的情形，曲線的適配也可利用最小平方法來進行。

3. 略為詳細解說

　　就最小平方法來說明。所謂直線適配數據，是考察數據的各點到直線的距離，找出使它們的和成為最小的直線。

　　點到直線上的數學距離，是由點落向直線的垂線長度。可是迴歸分析的情形是考察點到直線的縱軸方向的長度。目的變數 y 的變動以 x 來說明是目的所在，因之想到 y 軸方向出現，無法以 x 說明的誤差，所以偏離直線的程度想使之最小。

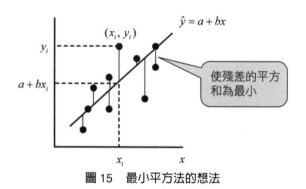

圖 15　最小平方法的想法

　　請看圖 15，試就數據 (x_i, y_i) 來想。當 $x = x_i$ 時直線上的縱座標是 $a + bx_i$。從直線上的點 $(x_i, a + bx_i)$ 到數據 (x_i, y_i) 的偏差大小（稱為殘差）是 $y_i - (a + bx_i)$。殘差有可能是正或負，所以平方後再就所有數據相加。

$$S_e = \{g_1 - (a + bx_1)\}^2 + \cdots + \{y_n - (a + bx_n)\}^2$$

S_e 稱為殘差平方和，從 S_e 成為最小之下，決定 a 與 b 之結果即為第 1 項所述的公式。

1-6 分割表（交叉表）

調查組合後的特徵。

- 掌握質變數的關聯性（現狀掌握、要因分析）
- 發現有特徵之組合（現狀掌握、要因分析）
- 層別的檢討（現狀掌握、要因分析）
- 多變量分析的事前檢討

1. 基本事項

假定有如表 1 所示的 n 組數據。x 與 y 的雙方如果是量變數（計量值）時，爲了調查 x 與 y 的關聯，可求出散佈圖、相關係數、單迴歸直線。

此處，x 與 y 的雙方均爲質變數（稱爲類別變數）時，檢討 x 與 y 的關聯性。

表 1　質性數據的配對

No.	x	y
1	x_1	y_1
2	x_2	y_2
⋮	⋮	⋮
n	x_n	y_n

變數 x 是指 $C_{x1}, C_{x2}, \cdots, C_{xa}$ 的任一者，變數 y 是指 $C_{y1}, C_{y2}, \cdots C_{yb}$ 的任一者。這些稱爲類別。關於類別請想像出像「性別：C_{x1} ＝ 男性；C_{x2} ＝ 女性」或「職業的種類：C_{y1} ＝ 公司員工；C_{y2} ＝ 教員；C_{y3} ＝ 自由業」之類。

利用表 1 的數據製作表 2 的分割表（也稱爲交叉表）。表 2 中 n_{ij} 是表示 (C_{xi}, C_{yj}) 的次數。表 2 稱爲 $a \times b$ 分割表。

表 2　分割表（交叉表）

	C_{y1}	C_{y2}	$\cdots$	C_{yb}	計
C_{x1}	n_{11}	n_{12}	$\cdots$	n_{1b}	T_{x1}
C_{x2}	n_{21}	n_{22}	$\cdots$	n_{2b}	T_{x2}
⋮	⋮	⋮		⋮	⋮
C_{xa}	n_{a1}	n_{a2}	$\cdots$	n_{ab}	T_{xa}
計	T_{y1}	T_{y2}	$\cdots$	T_{yb}	n

由表 2 按 (x_i, y_i) 的各組合計算期待次數

$$m_{ij} = \frac{T_{xi} \times T_{yj}}{n} \left(= \frac{(\text{橫合計}) \times (\text{縱合計})}{\text{總合計}} \right)$$

爲了測量實測次數與期待次數之差異，要求出 Cramer 的關聯係數 CR。

$$CR = \sqrt{\frac{\chi^2}{n\{\min(a, b) - 1\}}}$$

$\min(a, b)$ 是表示 a 與 b 之中較小者。並且，χ^2 稱爲 chi-square，讀成卡方，以下式求之。

$$\chi^2 = \frac{(n_{11} - m_{11})^2}{m_{11}} + \frac{(n_{12} - m_{12})^2}{m_{12}} + \cdots + \frac{(n_{ab} - m_{ab})^2}{m_{ab}}$$

CR 之值落在 0 與 1 之間。CR 有如相關係數。CR 之值愈接近 1，可以想成 x 與 y 有某種之關聯。χ^2 或 CR 之值如果大的話，依據

$$e_{ij} = \frac{n_{ij} - m_{ij}}{\sqrt{m_{ij}}}$$

之值，檢討哪一個組合具有特徵。e_{ij} 的絕對值如果大，則它對 χ^2 與 CR 的大小會有所貢獻。$|e_{ij}| \geq 3$ 是大小的指標。

2.想想看

問題 1

由表 3 的數據試製作分割表。

表 3　數據表

No.	原料供應商 x	檢驗結果
1	A	1 級品
2	B	2 級品
3	B	3 級品
4	A	2 級品
5	A	1 級品
6	B	2 級品
7	B	1 級品
8	B	3 級品

可得出表 4 的 2 × 3 型的分割表，原料供應商 A 的檢驗結果似乎有較好的傾向。

表 4　分割表（交叉表）

	1 級品	2 級品	3 級品	計
A	2	1	0	3
B	1	2	2	5
計	3	3	2	8

問題 2

與問題 1 相同的設定，如收集更多的數據製作分割表時，即變成表 5。試求 Cramer 的關聯係數 CR。

表 5　分割表（交叉表）

	1 級品	2 級品	3 級品	計
A	37	20	3	60
B	3	10	27	40
計	40	30	30	100

由表 5 計算期待次數，譬如，對 A 的 1 級品來說，

$$m_{11} = \frac{60 \times 40}{100} = 24$$

同樣所計算的結果如表 6 所示。合計欄與表 5 相同。

表 6　期待次數表

	1 級品	2 級品	3 級品	計
A	24	18	18	60
B	16	12	12	40
計	40	30	30	100

利用表 5 與表 6 計算 e_{ij}。譬如，對 A 的 1 級品來說，

$$e_{ij} = \frac{37 - 24}{\sqrt{24}} = 2.65$$

同樣所計算的結果如表 7 所示。

表 7　期待次數表

	1 級品	2 級品	3 級品
A	2.65	0.47	−3.544
B	−3.25	−0.58	4.33

表 7 所表示的 e_{ij} 值的平方和即為卡方值。

$$\chi^2 = 2.65^2 + 0.47^2 + (-3.54)^2 + (-3.25)^2 + (-0.58)^2 + 4.33^2 = 49.42$$

另外，Cramer 的關聯係數即為如下

$$CR = \sqrt{\frac{49.42}{100(\min(2,3)-1)}} = \sqrt{\frac{49.42}{100(2-1)}} = 0.703$$

原料供應商與檢驗結果似乎有關聯。

在表7的結果中，正值意指實際的次數超過期待次數，負值剛好相反。由表7知「A 比 B 相比，3 級品特別少」、「B 與 A 相比，1 級品特別少」、「B 與 A 相比，3 級品特別多」。

也許認為「此種考察如觀察表 5 不就可以知道嗎？」。如果此種程度大小的分割表或許如此。可是，如果行數或列數更多時，又會如何呢？如目不轉睛地看 10×10 的分割表，發現特徵是有困難的。相對地，如果是上述的方法，即可有效率地解決數據的特徵。

小提醒

如果兩變數是類別變數時，您可以選取 Cramer 的關聯係數計算兩變數的關聯性。

3. 略為詳細的說明

就期待次數加以說明。期待次數當 x 與 y 無任何關聯時，應該成為此種次數之值。

基於表 5 的數據考察看看。表 5 中所謂「x 與 y 無任何關聯」是意指「不管是哪一家供應商，1 級品、2 級品、3 級品的出現方式的比率是相同的」。如果是如此的話。由表 5 的縱合計欄，應該是

$$1 \text{ 級品的比率} = \frac{40}{100}$$

$$2\text{ 級品的比率} = \frac{30}{100}$$

$$3\text{ 級品的比率} = \frac{30}{100}$$

並且，A 的 1 級品的個數，應該是 A 的總數 60 乘上上記的比率，亦即

$$60 \times \frac{40}{100} = \frac{60 \times 40}{100} = 24$$

此無它正是先前所求出的期待次數 n_{11}。

期待次數與實際次數之差異愈大，即爲「x 與 y 有某種的關聯」。其差異的大小是利用卡方值或 Cramer 的關聯係數來測量。在卡方的計算中，分母有期待次數是依據統計理論來的。

e_{ij} 近似地服從 2-2 節中說明的標準常態分配。依據此，$\left|e_{ij}\right| \geq 3$ 即爲「該組合的差異大」的大略指標。

知識補充站

統計品管學家小傳：朱蘭

朱蘭（Joseph M. Juran）博士是舉世公認的現代品質管理的領軍人物。他出生於羅馬尼亞，1912 年隨家庭移民美國，1917 年加入美國國籍，曾獲電器工程和法學學位。在其職業生涯中，他做過工程師、企業主管、政府官員、大學教授、勞工調解人、公司董事、管理顧問等。

他是朱蘭學院和朱蘭基金會的創建者，前者創辦於 1979 年，是一家咨詢機構，後者為明尼蘇達大學卡爾森管理學院的朱蘭品質領導中心的一部分。進入 19 世紀 90 年代後，朱蘭仍然擔任學院的名譽主席和董事會成員，以 90 多歲的高齡繼續在世界各地從事講演和咨詢活動。

朱蘭博士在品質管理領域赫赫有名。他協助創建了美國馬爾科姆 · 鮑得里奇國家品質獎，他是該獎項的監督委員會的成員。他獲得了來自 14 個國家的 50 多種嘉獎和獎章。如同品質領域中的另一位大師戴明博士一樣，朱蘭對於日本經濟復興和品質革命的影響也受到了高度的評價，因此日本天皇為表彰他對於日本品質管理的發展，以及促進日美友誼所做的貢獻而授予「勛二等瑞寶章」勛章。美國總統為表彰他在「為企業提供管理產品和製程品質的基本原理和方法，從而提升其在全球市場上的競爭力」方面所做的畢生努力而頒發國家技術勛章。

在他所發表的 20 餘本著作中，《朱蘭品質手冊》被譽為「品質管理領域的聖經」，是一個全球的參考標準。

Note

1-7 莖葉圖

此為探究性資料分析（Exploratory Data Analysis）的技巧，包括簡單的算術與可以快速彙總資料且容易繪製的圖形。可同時顯示資料的順序及形狀。

1.基本事項

莖葉圖（Stem and Leaf Plot）是 J. W. Tukey 提出之一種混合數字與圖形的統計資料陳示方式。

莖葉圖的優點：

1. 莖葉圖容易繪製。
2. 在一個分類組別區間內，由於莖葉圖列出所有實際資料值，故能提供比直方圖更詳細的資訊。

莖葉圖是一個與直方圖相類似的特殊工具，但又與直方圖不同，莖葉圖保留原始資料的資訊，直方圖則失去原始資料的資訊。將莖葉圖莖和葉逆時針方向旋轉 90 度，實際上就是一個直方圖，可以從中統計出次數，計算出各數據區段的次數或百分比。從而可以看出分佈是否與常態分配或單峰偏態分配相近。

莖葉圖在品質管理上用途與直方圖差不多，通常我們常使用專業的軟體進行繪製。

2.想想看

繪製莖葉圖的步驟如下：

(1)將數字從 0 到 9（或視需要增減）寫成一行，並劃一垂直線，這些前置數字表示十位數，即為枝幹的部份。

(2)記錄每個觀測值的第二位數字（個位數字）於垂直線的右邊，且對應該觀測值第一位數字（十位數字）所在的橫列上。

(3)將每一列的第二位數字（個位數字）依遞增次序排列，即為葉的部分，若必要，亦可呈示次數。

(4)將莖葉圖翻轉 90 度來看，即為一個仍可表示適切觀測值的直方圖。

問題 1

甲班的統計成績為

9	10	17	20	20	23	26	29	29	29
32	38	39	40	42	48	49	63	55	56
50	59	60	60	60	62	62	65	66	68
70	71	74	76	76	78	78	78	79	80
81	83	84	89	89	89	92	94	98	99

試以長度為 10 的組距，繪製莖葉圖。

資料整理如下：

莖	葉	（次數）
0	9	1
1	0　7	2
2	0　0　3　6　9　9　9	7
3	2　8　9	3
4	0　2　8　9	4
5	3　5　6　8　9	5
6	0　0　0　2　2　5　6　8	8
7	0　1　4　6　6　8　8　8　9	9
8	0　1　3　4　9　9　9	7
9	2　4　8　9	4

問題 2

全班的體重（公斤）為

38	39	40	41	41	42	43	45	46	47
48	49	49	50	50	51	51	52	53	53
54	55	55	55	55	55	56	57	58	59
60	60	60	60	60	60	61	62	62	62
62	63	63	64	64	65	65	65	66	66
66	67	67	68	69	70	71	72	73	73

試以長度為 5 的組距，繪製莖葉圖。

以 4 ＊表 40～44，以 4 · 表 45～49，依此類推，則以長度為 5 的組距所繪製的莖葉圖為：

莖	葉
3 ·	8　9
4 ＊	0　1　1　2　3
4 ·	5　6　7　8　9　9

莖	葉
5 *	0 0 1 1 2 3 3 4
5 ·	5 5 5 5 5 6 7 8 9
6 *	0 0 0 0 0 0 1 2 2 2 2 3 3 4 4
6 ·	5 5 5 6 6 6 7 7 8 9
7 *	0 1 2 3 3

3. 略為詳細解說

莖葉圖沒有絕對的列或莖的數目。可將原始資料的第一個數字再分成兩個或兩個以上的莖，可輕易地擴充莖葉圖。

莖葉圖以單一個數字來定義葉的值，葉單位顯示莖葉圖的數字應乘上的適當倍數，如此一來莖葉圖即可以近似原始資料。葉單位可以是 100, 10, 1, 0.1 等等。

由於沒有最佳的方法來做出莖葉圖，我們可以自由地使用數字的任何部分作為莖，而且數字其餘的部分作為葉。例如資料值為仟的數字（如 1644, 1765, 1852 等等），莖可以用前二個數字來表示；16, 17, 18。下一個數字 4, 6 與 5 就可寫成葉。資料形式為 22.75, 24.63 與 25.30 等等就可將 22, 23, 24 與 25 當做莖，而下一個數字 7, 6, 3 當做葉。注意上面方法中只是單一數字的葉，因此，當我們有 4 個數字，而且莖有 2 個數字，最後一個數字就截掉。

利用莖葉圖可以「概觀」掌握如下事項：

(1) 數據以那一值為中心分佈著；　　(4) 數據的分配的闊狹情形；
(2) 數據的分散程度如何；　　　　　(5) 數據的分配有幾個山峰；
(3) 數據的左右是否對齊；　　　　　(6) 有無偏離數據群之數據等。

某校統計學成績得出如下：

設若某校甲乙兩班統計學成績的莖葉圖得出如下：

```
                          7 | 9 | 6 5
       0 2 2 3 4      4   9 | 4 3 3
           5 [5] 8    8   9 | 8 8 [7] 5
     0 0 1 2 3 3 4    8   8 | 4 4 4 4 2 1 [1]
 5 5 6 7 7 8 8 9 [9]  7   9 | 7 6 6 5
               2 [3]  7   4 | 1 [1] 0
         1 2 3 4      6   3 | 3 0
             5 6      5   6 | 5 5
                      5   5 | 5
                      4   4 |
                      4   4 |
                      3   3 | 5
```

(1) 將莖葉圖的莖和葉逆時針方向旋轉 90 度，實際上就是一個班級成績帶有數字的直方圖，可以從中統計出次數，計算出各分數段的次數或百分比，從它可以看出班級成績的分配是否與常態分佈配或單峰偏態分配逼近。

(2) 若莖葉圖短而寬，說明該班整體成績較集中，成績差異不大；如果莖葉圖長而窄，說明該班成績較分散，標準差較大，高分低分差距大。這可使教師或學校管理部門對學生成績有所了解。

(3) 異常成績的發現及處置。莖葉圖成績表中若有少數成績遠離中位數，如上圖的右側，說明這類學生與一般學生有質的區別，對於優秀的學生應加以培養，對於差的學生應找出根源加以幫助。這些異常值在計算標準差時可剔除，如上圖右側，$x = 77.1$，標準差 $\sigma = 12.6$，剔除異常值後，$x = 78.3$，$\sigma = 10.8$，這樣可更科學地反映平均成績。

(4) 科學反映學生在班級中的名次。為了便於分析，可將 1/4、3/4 分位數及中位數用符號標出。莖葉圖成績表中的成績被帶有方框的字分成 4 個區域，依次代表四個不同的水準，各層次學生都占總數的 25%。例如，圖中對應的某一學生考了 75 分，在右側的二班是中等水準，而在左側的一班只屬下等水準，這樣比較避免了以絕對分數來判定學生的成績。

1-8 箱形圖

　　所謂箱形圖或稱盒形圖（Box Plot）乃是將集中量數與離中量數，利用圖形表現出來的一種圖示法。藉由這些量數可洞察資料彙總性的特徵，並可作兩組或兩組以上的統計資料之比較，由於箱形圖包括了最小值、第一四分位數（Q_1）、中位數（Me）、第三個四分位數（Q_3）、以及最大值等五個量數，因此有時又稱爲5個彙總量數圖形（Five-number Summary Plot）

1.基本事項

　　爲了說明資料的分布如何影響箱形圖，圖1呈現五個不同形狀的箱形圖。若一組資料是完全地對稱，如圖1中的 (a), (d)，則左右兩邊腮鬚長度相等，並且中位數所在位置的垂直線，將盒子平分成兩半。實際上，我們不太可能觀測到一組完全對稱的資料。不過，如果兩邊鬚之長度幾乎相等且中位數所在位置的垂直線，幾乎將盒子平分成兩半，則我們可以說資料差不多是呈現對稱的。

　　反之，若資料是顯然地呈左偏或右偏，如圖1中的 (b) 和 (c)，則兩邊的鬚長度會有顯著的不同。同時中位數所在位置的垂直線也不可能位於盒子的中央。譬如在 (b) 中，資料的偏斜說明了大多數的觀測值是群聚在尺度的右側；有75%的資料是分布在盒子的左邊緣（Q_1）至右側鬚的終點 X_{max}（最大值）之間。因此較小的25%觀測值是分布在較長的左側鬚部分，顯示這組資料不呈現對稱。

　　如果觀測的是一組成右偏的資料，如圖中的 (c)，則大多數的資料會是群聚在尺度的左側（即箱形圖的左邊）。此時，75%的資料是分布在左側鬚的起點 X_{min}（最小值）至盒子的右邊緣（Q_3）之間，而其餘的25%觀測值是分布在較長的右側鬚部分。

　　但是，圖中的 (e) 是對雙峰型的分配應用箱形圖的一個例子。箱形圖是利用表示分配中心的一個箱，與此箱所畫出之鬚來表現的。因此，原先是多峰性的分配，而以箱形圖來表現時，外觀上卻成爲單峰性的分配，可能會導出錯誤的結論。以上的事項在圖中的 (e) 中，以直方圖所表示的由2個山峰所形成之分配特性，在箱形圖中全然未表現出來是很明顯的。因此，使用箱形圖時，將箱形圖與直方圖一起圖示等的斟酌考慮也是需要的吧。

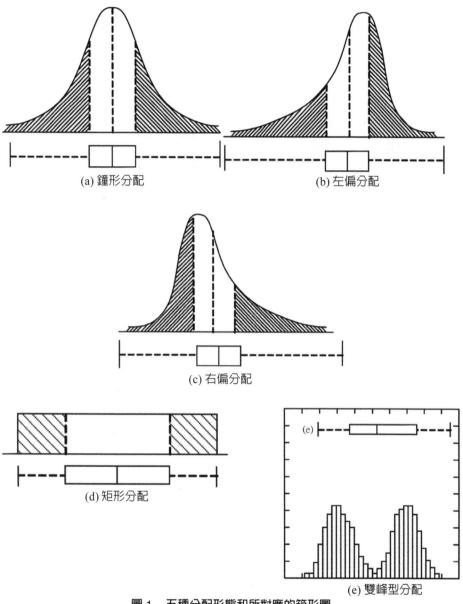

(a) 鐘形分配

(b) 左偏分配

(c) 右偏分配

(d) 矩形分配

(e) 雙峰型分配

圖 1 五種分配形態和所對應的箱形圖

2.想想看

一般箱形圖，可分為以下兩種表示法：

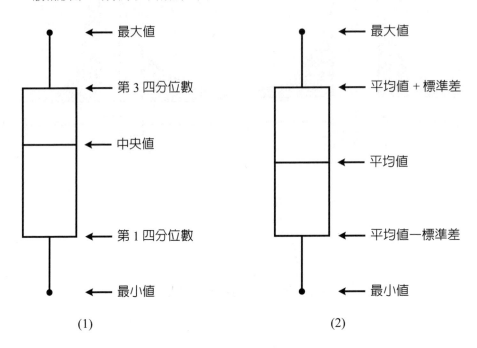

(1)　　　　　　　　　　　　　　(2)

如欲觀察中央值及四分位數的關係可製作 (1)。通常箱形的長度占所有數據的
50%。線的上端是表示最大值，下端是表示最小值，此線兩端的長度即表數據的全
距，第 1 四分位數到中位數的距離不一定會等於中位數到第 3 四分位數的距離，此
外，$Q_3 - Q_1 = IQR$ 稱為四分位距。中央值不一定位於箱形的中央。

此外，如欲觀察平均值及標準差的關係時，可製作 (2)，箱形的長度是標準差的 2
倍寬。此時，平均值是位於箱形的中央。

3.略為詳細說明

箱形圖是基於少數的表徵值所製作之圖，其製作方法簡單，以圖而言是非常單純
的。箱形圖的第一特徵，是此圖的簡潔性，此特性在使用箱形圖比較同類群體的數批
數據時非常重要的要素。第二特徵是它的表徵值不易受偏離值之影響，亦即抵抗性
高。可處理偏離值是箱形圖的第三特徵，像這樣將偏離值具體的表示，可喚起對這些
數據之注意，有助於更深入的分析。

以下列舉一例說明箱形圖的作法。

問題 1

在某一十字路口測量噪音水準（以分貝為單位），記錄 50 個觀測值，由小而大排列，試作出箱形圖，判斷數據之分配情形。

52.0	55.9	56.7	59.4	60.2	61.0	62.1	63.8	65.7	67.9
54.4	55.9	56.8	59.4	60.3	61.4	62.6	64.0	66.2	68.2
54.5	56.2	57.2	59.5	60.5	61.7	62.7	64.6	66.8	68.9
55.7	56.4	57.6	59.8	60.6	61.8	63.1	64.8	67.0	69.4
55.8	56.4	58.9	60.0	60.8	62.0	63.6	64.9	67.1	77.1

先說明四分位的求法。

$$O(Q_k) = \frac{kn}{4} + \frac{1}{2} \qquad k = 1, 2, 3$$

依位次 $O(Q_k)$ 可找到相當於位次的四分位數。

Q_1, Me, Q_3 分別表示第 1 四分位、中位數（第 2 四分位）、第 3 四分位。

$$O(Q_1) = 13 \text{，} O(Q_2) = Me = 25.5 \text{，} O(Q_3) = 38$$

Q_1, Me, Q_3 的計算得出如下：$Q_1 = 57.2$，$Q_3 = 64.6$，$Me = 60.9$

所以，箱形圖可以表示為

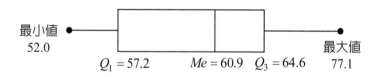

由此圖知此分配為右偏分配，此箱子共包含有一半的資料，最小值至 Q_1 及 Q_3 至最大值的區間分別包含了 1/4 的觀測值。又 Q_1 至 Me 及 Me 至 Q_3 的距離未必相等。又 Q_1 至最小值或 Q_3 至最大值之長度稱為鬚（whisker），如兩方之鬚不等長，數據的分配有可能偏倚。

Note

第2章
機率分配與應用

2-1 機率分配

表示數據的變異法則。

- · 理解數據有變異及出現的法則
- · 理解母體與數據之關係
- · 理解母數的意義
- · 在統計解析中判斷基準的基礎

1.基本事項

投擲 1 枚硬幣時，如果是「正確硬幣」的話，不管正面或反面出現的機率均為 $\frac{1}{2}$。

當投擲 1 枚「正確骰子」時，任一點出現的機率均為 $\frac{1}{2}$。將這些整理在表 1 與表 2。

表 1　「正確硬幣」的機率分配

	正	反	合計
機率	$\frac{1}{2}$	$\frac{1}{2}$	1

表 2　「正確骰子」的機率分配

	1	2	3	4	5	6	合計
機率	$\frac{1}{6}$	$\frac{1}{6}$	$\frac{1}{6}$	$\frac{1}{6}$	$\frac{1}{6}$	$\frac{1}{6}$	1

表 1 所表示的機率值稱為「正確硬幣」的機率分配。同樣，表 2 所表示的機率值稱為「正確骰子」的機率分配。

對各個可能出現之值分配機率即為機率分配。

就取得連續值的機率分配來考察吧，在 1-2 節中曾利用計量值數據 $x_1, x_2, \cdots, x_n$ 製作直方圖。直方圖的柱子個數是以 $\sqrt{n}$ 為指標所決定的，數據數 n 愈大，柱子的個數即變多。

請看圖 1，最上面的 (a) 是 $n = 50$ 時的直方圖。有 $\sqrt{50} \approx 7$ 個柱子。中央的直方圖 (b) 是 $n = 200$，有 $\sqrt{200} \approx 15$ 個柱子。隨著柱子個數的增加，鋸齒狀刻紋即變細。圖 1 中，在全體的面積成為 1 之下，可調整縱軸的刻度。

數據數 n 更大時，直方圖的輪廓線的齒形即變更細，如腦海中想像 n 當作∞（無限大）的狀況時，就可想出如圖 1(c) 那樣輪廓線變成圓滑的曲線。並且，在所有面積成為 1 之下，可調整縱軸的刻度，所以 $n = \infty$ 時，曲線與橫軸之間的面積也是 1。

　　$n = \infty$時，可以想成收集母體中的所有數據，基於母體全體的直方圖之意，圖 (c) 稱為母體分配或母體的機率分配。

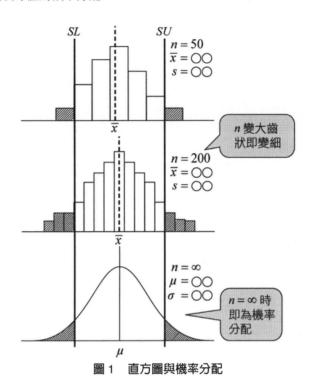

圖 1　直方圖與機率分配

　　由有限個數據所求出者，分別稱為樣本平均$\bar{x}$、樣本標準差 s、樣本變異數 $V = s^2$，相對的，由 $n = \infty$ 個數據所求出的（估算）平均、標準差、變異數分別稱為母平均 μ、母標準差 σ、母變異數 σ^2，基於母體之值之意才加上「母」。

2.想想看

問題 1

袋中放有相同大小的 10 個球。但藍色的球有 2 個，黃色的球有 3 個，紅色的球有 5 個。從此袋中隨機取出 1 個球時，就各顏色的球出現情形求出機率分配。

　　機率分配如表 3 所示。

表 3　問 1 的機率分配

	藍	黃	紅	合計
機率	$\dfrac{2}{10}$	$\dfrac{3}{10}$	$\dfrac{5}{10}$	1

問題 2

爲了容易出現偶數，假定有被造假的「假骰子」。假骰子的類型有許許多多。試考察機率分配的例子。

表 4 中顯示其一例。

表 4 「假骰子」的機率分配例

	1	2	3	4	5	6	合計
機率	$\frac{1}{12}$	$\frac{3}{12}$	$\frac{1}{12}$	$\frac{3}{12}$	$\frac{1}{12}$	$\frac{3}{12}$	1

問題 3

請看圖 1。不合規格之機率即爲圖 (c) 的斜線部分的面積。爲什麼能夠如此想呢？

首先考察圖 1(a) 的直方圖的斜線部分，直方圖的所有面積是 1，斜線部分的面積是表示 $n = 200$ 之中不合規格的數據之比率。

n 慢慢變大也是一樣。就 $n = \infty$ 時也同樣考慮，圖 1(c) 的斜線部分的面積是 $n = \infty$ 之中「不合規格之比率」。可以將此想成「不合規格的機率」。

3. 略爲詳細說明

在圖 1 的說明中，提及爲了使「直方圖的所有面積成爲 1」要如何調整縱軸才好？

通常的直方圖是將縱軸的刻度當作次數。請看圖 2。將縱軸的刻度變更成 $\frac{f}{nc}$。c 是區間寬度，所有的區間都是相同的。像這樣，即使變更縱軸的刻度，直方圖的形狀（左右對稱性、一峰、二峰、中心位置、變異大小，與規格的比較等）也不變。

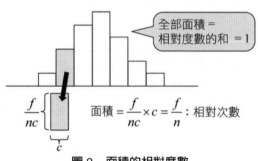

全部面積 = 相對度數的和 = 1

$$面積 = \frac{f}{nc} \times c = \frac{f}{n} : 相對次數$$

圖 2 面積的相對度數

　　圖 2 中取出 1 個有影框的柱子，計算它的面積。影框部分的面積即爲相對次數。將所有的柱子的面積相加時，由於是相對次數的總和，所以是 1。

　　在圖 1(a) 與 (b) 的直方圖中斜線部分的面積是不合規格的數據的相對次數之和。亦即，表示不合規格的數據的比率。

　　圖 1(c) 是在所有面積爲 1 的直方圖中當作是 $n \to \infty$ 時的極限，所以仍然所有面積是 1。斜線部分的面積也是上面兩個比率的極限，所以可以想成是整個母體中的比率，亦即機率。

　　圖 1(c) 的曲線，在統計學中稱爲機率密度函數，經常大於 0，與橫軸之間的面積爲 1 是此函數的條件。

　　當投擲 1 枚硬幣時，可以將「正」與「反」想成是變數之值。並且，投擲 1 個骰子時，如將出現的點數想成變數時，此變數出現之值是 1～6 的任一者，像這樣，決定變數出現各值之機率，此變數稱爲機率變數。

　　決定機率變數之值其出現容易度之法則可以說是機率分配。

　　實際投擲硬幣時，不是正就是反，此結果即爲數據。「數據是機率變數的實現值」。

　　有「機率變數 X 服務機率分配」的說法，它的意思是數據依據機率分配發生，將此表示成「$X\sim$ 機率分配」。

2-2 常態分配

表示連續數據的機率分配的基本形狀。

- ・此為統計分析中的機率分配的基本
- ・理解標準化與依據它計算機率
- ・計算不合規格的不良率（現狀掌握、目標設定、效果確認）

1.基本事項

在計量值數據的母體分配中，如圖 1 左右對稱形成吊鐘型的機率分配，稱為常態分配（Normal Distribution）。

母平均為 μ，母標準差為 σ，母變異數為 σ^2 的常態分配表示成 $N(\mu, \sigma^2)$。

常態分配的分配形狀，是以 μ 為中心左右對稱，在 $\mu \pm 3\sigma$ 的地方（以肉眼來看）曲線似乎看起來接觸到橫軸（數學上，永遠不會接觸到橫軸）。因為是機率分配所以總面積是 1。

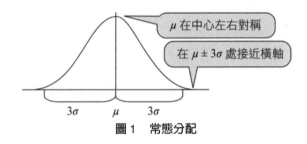

μ 在中心左右對稱

在 $\mu \pm 3\sigma$ 處接近橫軸

3σ　μ　3σ

圖 1　常態分配

常態分配 $N(\mu, \sigma^2)$ 取決於母平均 μ 與母變異數 σ^2 之值而有許多的種類。因此，先考察 1 個標準式的常態分配。母平均為 0、母變異數為 1 的常態分配，稱為標準常態分配，表示成 $N(0, 1^2)$。

以下的變換稱為標準化。

$$X \sim N(\mu, \sigma^2) \rightarrow U = \frac{X - \mu}{\sigma} \sim N(0, 1^2)$$

在 1-3 節中說明過數據的標準化。上記是服從常態分配的機率變數的標準化。任一情形，從原先的變數減去平均，除以標準差，它的結果，與平均成為 0、標準差成為 1 是一樣的。

對標準常態分配 $N(0, 1^2)$ 來說，對應圖 2 的機率，亦即 $U \geq k$ 之機率 P（稱為上側機率）已備有數表。其中一部分表示在表 1 中。

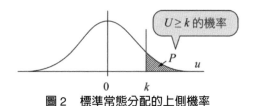

圖2　標準常態分配的上側機率

表 1　標準常態分配 $N(0, 1^2)$ 的上側機率 P 值

k	P	k	P
0	0.5000	1.960	0.0250
0.3	0.3821	2.0	0.0228
0.5	0.3085	2.5	0.0062
1.0	0.1587	3.0	0.0013
1.5	0.0668	4.0	0.00003
1.645	0.0500	4.5	0.000003

2.想想看

問題 1

試畫出如下的常態分配的形狀。
(1) $N(1, 2^2)$; (2) $N(-1, 1.5^2)$

　在（中心位置）±3（標準差）處曲線接近橫軸且左右對稱下所畫出的曲線如圖 3 所示。總面積兩者均為 1，(2) 的情形中心部分較高。

問題 2

母體分配當作常態分配 $N(1, 2^2)$。從此母體中取出 200 個數據時，直方圖的形狀、樣本平均、樣本標準差變成如何？

　直方圖的 1 例如圖 4 所示。也加入 $N(1, 2^2)$ 的曲線。並且，樣本平均 $\bar{x}$、樣本標準差 s 可得出接近母平均 1、母標準差 2 之值。可是，有誤差所以並未一致。

問題 3

母體分配是常態分配 $N(100, 2^2)$，規格當作 $SU = 102$，$SL = 96$。此時，不合規格之機率（不良率）是多少？

(1) $N(1, 2^2)$

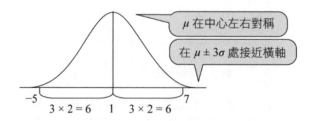

μ 在中心左右對稱

在 $\mu \pm 3\sigma$ 處接近橫軸

−5   3 × 2 = 6   1   3 × 2 = 6   7

(2) $N(-1, 1.5^2)$

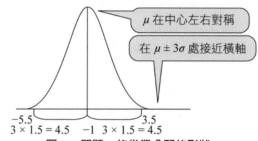

μ 在中心左右對稱

在 $\mu \pm 3\sigma$ 處接近橫軸

−5.5   3.5
3 × 1.5 = 4.5   −1   3 × 1.5 = 4.5

圖 3　問題 1 的常態分配的形狀

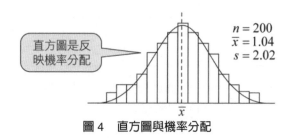

直方圖是反映機率分配

$n = 200$
$\overline{x} = 1.04$
$s = 2.02$

$\overline{x}$

圖 4　直方圖與機率分配

以圖 5 來想。在圖 5 中，經由標準化後規格變成如下，它們是填入在下圖的 (b)。

$$SU = \frac{102 - 100}{2} = 1, \ SL = \frac{96 - 100}{2} = -2$$

將 (a) 的中心位置 100 與觸及橫軸（以肉眼）之點 96, 106，經由標準化變成 0, −3, 3，這些也填入到 (b) 中。

圖 5(a) 不合規格之機率（不良率），與圖 5(b) 中不合規格之機率是相同的。在圖 5(b) 中，超出規格上限 SU = 1 之機率，由表 1 查看 k =1 之欄，知是 0.1587。並且，在圖 5(b) 中，低於規格下限 SL = −2 之機率，由表 1 查看 k = 2 之欄，知是 0.0228（低於 SL = −2 之機率與超出 k = 2 之機率，因為是以 0 為中心左右對稱，所以是相同的）。因此，不合規格之機率是 0.1587 + 0.0228 = 0.1815。

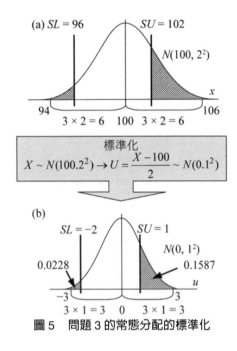

圖 5　問題 3 的常態分配的標準化

3. 略為詳細解說

　試使用數式表現問題 3 的解答吧。多少習慣數式的人，這方面想來是比較容易了解的。$P_r(A)$ 表示 A 發生的機率（probability）。

　首先，如下求出超出規格上限的機率。

$$P_r(X \geq SU) = P_r(X \geq 102)$$
$$= P_r\left(\frac{X-100}{2} \geq \frac{102-100}{2}\right)$$
$$= P_r(U \geq 1) = 0.1587$$

其次，如下求出超出規格下限之機率。

$$P_r(X \leq SL) = P_r(X \leq 96)$$
$$= P_r\left(\frac{X-100}{2} \leq \frac{96-100}{2}\right)$$
$$= P_r(U \leq -2) = P_r(U \geq 2) = 0.0228$$

由以上，不良率即為如下

$$P_r(X \geq SU) + P_r(X \leq SL) = 0.1587 + 0.0228$$
$$= 0.1815$$

問題 3 的設定中，母平均 100 偏離規格的中心 99。因此，如圖 6(b) 那樣讓母平均與規格的中心 99 一致（母體分配變成 $N(99, 2^2)$）時，不良率變成如何呢？

不良率如下求出

$$P_r(X \geq SU) = P_r(X \geq 102)$$
$$= P_r\left(\frac{X - 99}{2} \geq \frac{102 - 99}{2}\right)$$
$$= P_r(U \geq 1.5) = 0.0668$$

$$P_r(X \leq SL) = P_r(X \leq 96)$$
$$= P_r\left(\frac{X - 99}{2} > \frac{96 - 99}{2}\right)$$
$$= P_r(U \leq 1.5) = P_r(U \geq 1.5) = 0.0668$$

$$P_r(X \geq SU) + P_r(X \leq SL) = 2 \times 0.0668 = 0.1336$$

將母平均調整成規格的中心 99 時，不良率略為變小了。

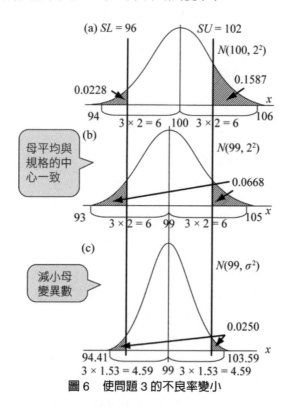

圖 6　使問題 3 的不良率變小

難道無法使不良率更小嗎？因之，將母變異數從目前的 2^2 變小到多少，不良率才能在 0.05 以下呢？試考察看看。

如圖 6(c) 母體分配當作 $N(99, \sigma^2)$ 來想，使不良率成為 0.05 來決定 σ^2 之值。由於母平均即為規格的中心 99，超出規格上限與超出規格下限之機率是相同的。因此，以超出規格上限之機率為 0.05/2 = 0.025 來求 σ^2 之值。

$$0.025 = P_r(X \geq SU) = P_r(X \geq 102)$$
$$= P_r\left(\frac{x-99}{\sigma} \geq \frac{102-99}{\sigma}\right) = P_r\left(U \geq \frac{3}{\sigma}\right)$$

由上式與表 1 知 $\frac{3}{\sigma} = 1.96$，所以 $\sigma = \frac{3}{1.96} = 1.53$，亦即 $\sigma^2 = 1.53^2 = 2.34$，亦即以減少變異數 2.34 作為目標。

知識補充站

統計品管學家小傳：皮爾遜

　　卡爾・皮爾遜（Karl Pearson）是 19 和 20 世紀初罕見的百科全書式的學者，是英國著名的統計學家、生物統計學家、應用數學家，又是名副其實的歷史學家、科學哲學家、倫理學家、民俗學家、人類學家、宗教學家、優生學家、彈性和工程問題專家、頭骨測量學家，也是精力充沛的社會活動家、律師、自由思想者、教育改革家、社會主義者、婦女解放的鼓吹者、婚姻和性問題的研究者，亦是受歡迎的教師、編輯、文學作品和人物傳記的作者。

　　他也是一位身體力行的社會改革家。他就各種社會問題發表了一系列獨到的見解，提出了一整套誘人的解決方案。他關於「自由思想」的論述，至今仍值得每一個知識人深思；他關於「市場的熱情和研究的熱情」的論述，值得混跡於學術界的「市場人」省思，值得「研究人」警惕。這些論述的思想意義是永存的，其現實意義是不言而喻的。

　　卡爾・皮爾遜從兒童時代起，就有著廣闊的興趣範圍，非凡的知識活力，善於獨立思考，不輕易相信權威，重視數據和事實。他的主要成就和貢獻是在統計學方面，他開始把數學運用於遺傳和進化的隨機過程，首創次數分布表與次數分布圖，提出一系列次數曲線；推導出卡方分布，提出卡方檢驗，用以檢驗觀察值與期望值之間的差異顯著性；發展了回歸和相關理論；為大樣本理論奠定了基礎。皮爾遜的科學道路，是從數學研究開始，繼之以哲學和法律學，進而研究生物學與遺傳學，集大成於統計學。

2-3 常態分配的應用

了解裝配零件的變異法則。

· 理解常態分配的基本性質
· 變異數的加法性是公差設計的所需知識
· 基於變異數的加法性，在變異大的部分採重點導向（現狀掌握、目標設定、要因分析）

1. 基本事項

常態分配中以下的性質 (1) 是成立的。

(1)$X \sim N(\mu_X, \sigma_X^2) \rightarrow aX + b \sim N(a\mu_X + b, a^2\sigma_X^2)$

兩個機率變數 X 與 Y 當作相互獨立。「獨立」是指「無相關」之意。此時，以下的性質 (2) 與 (3) 是成立的。

(2)$X \sim N(\mu_X, \sigma_X^2), Y \sim N(\mu_Y, \sigma_Y^2) \rightarrow X + Y \sim N(\mu_X + \mu_Y, \sigma_X^2 + \sigma_Y^2)$

(3)$X \sim N(\mu_X, \sigma_X^2), Y \sim N(\mu_Y, \sigma_Y^2) \rightarrow X - Y \sim N(\mu_X - \mu_Y, \sigma_X^2 + \sigma_Y^2)$

性質 (3) 中，母平均是 $\mu_X - \mu_Y$，而母變異數與性質 (2) 相同時 $\sigma_X^2 + \sigma_Y^2$。母變異數的加算稱為變異數的加法性。因此，$X + Y$ 與 $X - Y$ 的母標準差即為 $\sqrt{\sigma_X^2 + \sigma_Y^2}$。要注意並非 $\sigma_X + \sigma_Y$ 或 $\sigma_X - \sigma_Y$。

2. 想想看

問題 1

請看圖 1。光源的光線亮度 X 服從常態分配 $N(100, 2^2)$ 地分布著，今有半透明的遮蔽物，此處光線的亮度變成一半。此時，光線的亮度 Y 的機率分配 $N(?, ?)$ 變成多少？

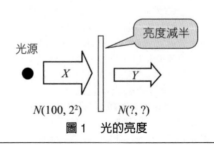

亮度減半

光源

X

Y

$N(100, 2^2)$　　$N(?, ?)$

圖 1　光的亮度

依據常態分配的性質 (1)

$$X \sim N(100, 2^2) \rightarrow Y = 0.5X \sim N(50, 1^2)$$

Y 的變異數是以 $0.5^2 \times 2^2 = 1$ 求出。

問題 2

隨機選出兩個零件 A 與 B，如圖 2 那樣組合。A 的長度 X 與 B 的長度 Y，分別服從如下所示的常態分配。

$$X \sim N(150, 3^2),\ Y \sim N(50, 4^2)$$

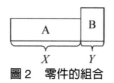

圖 2　零件的組合

給合後全體的長度 $X + Y$ 的機率分配變成如何？

依常態分配的性質 (2)

$$X \sim N(150, 3^2),\ Y \sim N(50, 4^2) \rightarrow X + Y \sim N(200, 5^2)$$

利用變異數的加法性，$X + Y$ 的母變異數按 $3^2 + 4^2 = 5^2$ 求出。

問題 3

與問題 2 相同，隨機選出零件 A 與 B，如圖 3 加以組合。並假定如下。

$$X \sim N(150, 3^2),\ Y \sim N(50, 4^2)$$

長度 $X - Y$ 的機率分配變成如何？

圖 3　零件的組合（問題 3）

依據常態分配的性質 (3) 知，

$$X \sim N(150, 3^2),\ Y \sim N(50, 4^2) \rightarrow X - Y \sim (100, 5^2)$$

$X - Y$ 的的母平均是 $10 - 50 = 100$。$X - Y$ 的母變異數依據變異數的加法性得出 $3^2 +$

$4^2 = 5^2$ 是要注意的。如將母變異數用減算時，$3^2 - 4^2 = -7$ 成為負值，如此是非常奇怪的，不是嗎？

3. 略為詳細解說

常態分配的性質 (1) 成立的理由使用圖 4 來說明。

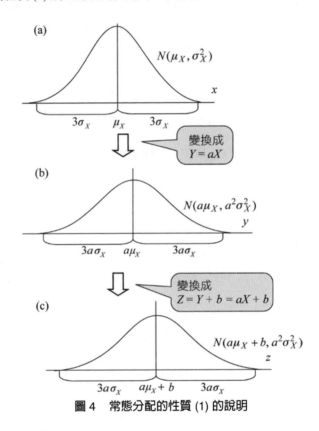

圖 4　常態分配的性質 (1) 的說明

設 X 服從 $N(\mu_X, \sigma_X^2)$（圖 4(a)）。變換成 $Y = aX$ 時，X 的母平均 μ_X 經此變換移到 $a\mu_X$。並且，在 X 的分配圖中 $\pm 3\sigma_X$ 的寬度經此變換被擴大（或縮小）成 $\pm 2a\sigma_X$。因此，Y 的母變異數即變成 $(a\sigma_X)^2 = a^2\sigma_X^2$（圖 4(b)）。

其次，變換成 $Z = Y + b$。這只是挪移 $+ b$ 而已，因之 Y 的母平均 $a\mu_X$ 經此變換移到 $a\mu_X + b$。因為是平行移動所以母變異數未改變（圖 4(c)）。

常態分配的性質 (2) 儘管獲得同意，但在常態分配的性質 (3) 中，母變異數是用「加算」，此點覺得有些奇怪吧。事實上，經常有使用錯誤的減算的情形。為什麼是「加算」呢？

如使用常態分配性質 (1) 時，當 $Y \sim N(\mu_Y, \sigma_Y^2)$ 時，$-Y \sim N(-\mu_Y, \sigma_Y^2)$ 是成立的。如設 $a = -1, b = 0$ 時，由性質 (1)，$-Y$ 的母變異數是成為 $(-1)^2 \sigma_Y^2 = \sigma_Y^2$。

由性質 (2)

$$X \sim N(\mu_X, \sigma_X^2), \ -Y \sim N(-\mu_Y, \sigma_Y^2)$$
$$\rightarrow X - Y = X + (-Y) \sim N(\mu_X - \mu_Y, \sigma_X^2 + \sigma_Y^2)$$

是成立的。

　　在問題 2 中，雖然考察了不同的兩個零件 A 與 B 的組合，今假定隨機選出兩個相同的零件 A，如圖 5 那樣加以組合，組合後之零件的長度 $X_1 + X_2$ 的機率分配變成如何呢？

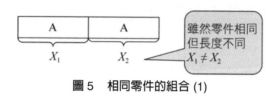

圖 5　相同零件的組合 (1)

　　依常態分配的性質 (2)，

$$X_1 \sim N(150, 3^2), \ X_2 \sim N(150, 3^2)$$
$$\rightarrow X_1 + X_2 \sim N(300, 18)$$

一不小心就會想成

$$X \sim N(150, 3^2) \rightarrow 2X \sim N(300, 6^2)$$

可是，這是錯誤的。儘管是相同的零件，各個零件的長度多少是有不同的（有變異），所以要像 X_1 與 X_2 那樣想成不同之值才行。如表示成 $2X$ 時，要組合的兩個零件是完全相同的長度，違反零件的長度是有變異的。

　　此種事情在估計變異的大小及設計公差時，是特別要注意的。

　　最後，也考察如圖 6 那樣組合零件 A 的情形，儘管相同的零件也仍有變異，所以圖 6 中上方略為變長，試求此差異之長度的機率分配吧。依常態分配的性質 (3)

$$X_1 \sim N(150, 3^2), \ X_2 \sim N(150, 3^2)$$
$$\rightarrow X_1 - X_2 \sim N(0, 18)$$

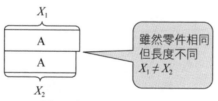

圖 6　相同零件之組合 (2)

2-4 工程能力指數

評估製造出良品的能力。

1.基本事項

假定母體當作常態分配 $N(\mu, \sigma^2)$。且有規格上限 SU 與規格下限 SL。

下式的 C_P 稱為工程能力指數（Process Capability Index）。規格界限與變異大小相比之量，此值希望愈大愈為理想。工程能力指數是指製造良品的能力。

$$C_P = \frac{SU - SL}{6\sigma}$$

使用 C_P 如下判斷工程能力。

(1)如 $C_P \geq 1.33$ 時，工程能力充足。

(2) $1.00 \leq C_P < 1.33$ 時，工程能力還要再努力。

(3) $C_P < 1.00$ 時，工程能力不足。

工程能力指數 C_P 是用在有雙邊規格，母平均與規格的中心一致。規格只存在單邊時，或雖然有雙邊規格但母平均並非規格的中心時，使用其他的工程能力指數。

2.想想看

> 問題 1

就以下的 (1)～(3) 的各種情形，求出工程能力指數。

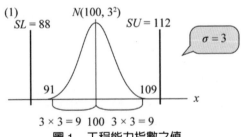

圖 1　工程能力指數之值

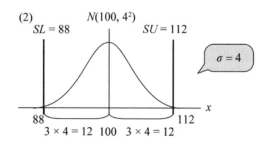

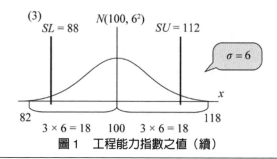

圖 1　工程能力指數之值（續）

$$(1) C_P = \frac{SU - SL}{6\sigma} = \frac{112 - 88}{6 \times 3} = 1.33$$

$$(2) C_P = \frac{SU - SL}{6\sigma} = \frac{112 - 88}{6 \times 4} = 1.00$$

$$(3) C_P = \frac{SU - SL}{6\sigma} = \frac{112 - 88}{6 \times 5} = 0.67$$

問題 2

在問題 1 的 (1)～(3) 的狀況中，超出雙邊規格的機率（不良率）是多少？

進行標準化，使用 2-2 節的表 1。
(1) 不良率如下求出。

$$P_r(X \geq SU) = P_r(X \geq 112)$$
$$= P_r\left(\frac{X - 100}{3} \geq \frac{112 - 100}{3}\right)$$
$$= P_r(U \geq 4.0) = 0.00003$$

$$P_r(X \leq SL) = P_r(X \leq 88)$$
$$= P_r\left(\frac{X - 100}{3} \leq \frac{88 - 100}{3}\right)$$

$$= P_r(U \le -4.0)P_r(U \ge 4.0) = 0.00003$$

$$P_r(X \ge SU) + P_r(X \le SL) = 2 \times 0.00003 = 0.00006$$

母平均即為規格的中心，超出規格上限之機率與超出規格下限的機率相同。

$(2) P_r(X \ge SU) = P_r(X \ge 112)$

$$= P_r\left(\frac{X-100}{4} \ge \frac{112-100}{4}\right)$$

$$= P_r(U \ge 3.0) = 0.0013$$

$P_r(X \le SL) = P_r(X \le 88)$

$$= P_r\left(\frac{X-100}{4} \le \frac{88-100}{44}\right)$$

$$= P_r(U \le -3.0) = P_r(U \ge 3.0) = 0.0013$$

$P_r(X \ge SU) + P_r(X \le SL) 2 \times 0.0013 = 0.0026$

$(3) P_r(X \ge SU) = P_r(X \ge 112)$

$$= P_r\left(\frac{X-100}{6} \ge \frac{112-100}{6}\right)$$

$$= P_r(U \ge 2.0) = 0.0228$$

$P_r(X \le SL) = P_r(X \le 88)$

$$= P_r\left(\frac{X-100}{6} \le \frac{88-100}{6}\right)$$

$$= P_r(U \le -2.0) = P_r(U \ge 2.0) = 0.0228$$

$P_r(X \ge SU) + P_r(X \le SL) = 2 \times 0.0228 = 0.0456$

3. 略為詳細解說

規格只有單邊的情形也有。此時，工程能力指數如下定義。

$$\text{只有規格上限時：} C_{PU} = \frac{SU - \mu}{3\sigma}$$

$$\text{只有規格下限時：} C_{PL} = \frac{\mu - SL}{3\sigma}$$

請注意分母是 3σ。

這些指數的解釋與 C_P 可同樣進行。可是，對應的不良率是 C_P 時的一半。譬如，試考察 $C_{PU} = 1.00$ 的情形。這是對應圖 2。成為 $SU - \mu = 3\sigma$。不合規格的機率如下求出。

$$P_r(X \ge SU) = P_r\left(\frac{X-\mu}{\sigma} \ge \frac{SU-\mu}{\sigma}\right)$$

$$= P_r\left(U \ge \frac{3\sigma}{\sigma}\right)$$

$$= P_r(U \ge 3) = 0.0013$$

在問題 2 的 (2) 中 $C_P = 1.00$ 時的不良率是 0.0026。上面的值是它的一半。

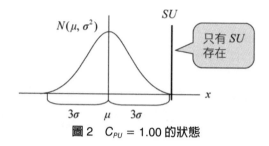

圖 2　$C_{PU} = 1.00$ 的狀態

有雙邊規格時的工程能力指數 C_P，只有在母平均位於規格的中心或者像那樣能容易調整時是有效的。

請看圖 3。此時，

$$C_P = \frac{SU - SL}{6\sigma} = \frac{112 - 88}{6 \times 3} = 1.33$$

可是，超出規格上限的機率變大。像這樣，母平均不在規格的中心時，C_P 並非適切的指標。

像圖 3 那樣母平均有可能偏離規格的中心時，使用下式的 C_{PK}。

$$C_{PK} = \min(C_{PU}, C_{PL}) = \min\left(\frac{SU - \mu}{3\sigma}, \frac{\mu - SL}{3\sigma}\right)$$

$\min(a, b)$ 是指 a 與 b 中較小者。對圖 3 的狀況來說，求 C_{PK} 時即為如下。

$$C_{PK} = \min\left(\frac{112 - 109}{3 \times 3}, \frac{109 - 88}{3 \times 3}\right)$$
$$= \min(0.33, 2.33) = 0.33$$

依據此，工程能力是完全不足的。C_{PK} 可適切地表示圖 3 的狀況。

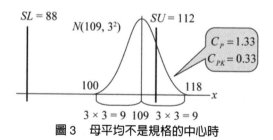

圖 3　母平均不是規格的中心時

是否聽過 6 標準差的用語。這是為了達成目標使用統計手法進行問題解決的活動。此種活動雖然與日本所培養的品質管理活動是相同的，但是以黑帶或綠帶的專門幕僚為中心，進行專案活動的一面似乎有其特徵。

今介紹 6 標準差名稱之由來。6 標準差是指由母平均到規格具有 6σ 的寬度之意。雙邊有規格時，規格的寬度即變成 12σ，利用改善活動使 σ 之值變小。

可是，這意謂不良率事實上是零。因此，認為母平均從規格中心挪移 1.5σ 也行。在圖 4 中，是畫出母體分配向上側挪移 1.5σ 的狀況。此時 C_P 與 C_{PK} 之值分別如下。

$$C_P = \frac{SU - SL}{6\sigma} = \frac{12\sigma}{6\sigma} = 2.00$$

$$C_{PK} = \min\left(\frac{SU - \mu}{3\sigma}, \frac{\mu - SL}{3\sigma}\right)$$

$$= \min\left(\frac{4.5\sigma}{3\sigma}, \frac{7.5\sigma}{3\sigma}\right)$$

$$= \min(1.5, 2.5) = 1.5$$

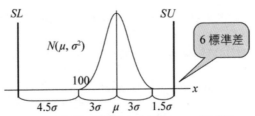

圖 4　母平均從規格中心挪移 1.5σ 的情形

在圖 4 中，如考慮不良率時，超出規格下限的機率可以忽略，所以可求出超出規格上限的機率。使用 2-2 節的表 1，即為

$$P_r(X \geq SU) = P_r\left(\frac{X - \mu}{\sigma} \geq \frac{SU - \mu}{\sigma}\right)$$

$$= P_r\left(U \geq \frac{4.5\sigma}{\sigma}\right)$$

$$= P_r(U \geq 4.5) = 0.000003$$

此機率是「100 萬分之 3」。

亦即，6 標準差活動的名稱，是以 C_{PK} 在 1.5 以上，不良率在「100 萬分之 3」以下作為目標的由來。

在統計分析中常見的基本假設為常態分配（Normal Distribution）。

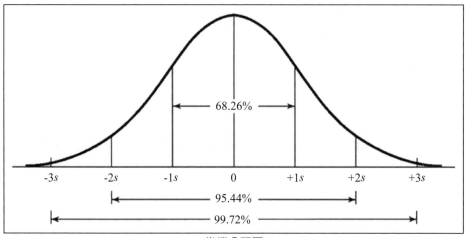

常態分配圖

P(–1 < Z < +1) = P($\mu \pm 1\sigma$) = .6826
P(–2 < Z < +2) = P($\mu \pm 2\sigma$) = .9544
P(–3 < Z < +3) = P($\mu \pm 3\sigma$) = .9974

Excel 提供有標準常態分配表的函數 NORM.S.DIST，若知道 Z 值則可求取出機率，如下所示：

=NORM.S.DIST(-2.576) 為 0.005
=NORM.S.DIST(-1.96) 為 0.025
=NORM.S.DIST(-1.645) 為 0.050
=NORM.S.DIST(0) 為 0.500
=NORM.S.DIST(1.645) 為 0.950
=NORM.S.DIST(1.96) 為 0.975
=NORM.S.DIST(2.576) 為 0.995

反之，Excel 亦提供機率求取 Z 值之函數 NORM.S.INV，計算公式和結果如下所示：

=NORM.SI.NV(0.005) 為 -2.576
=NORM.S.INV(0.025) 為 -1.96
=NORM.S.INV(0.05) 為 -1.645
=NORM.SI.NV(0.5) 為 0
=NORM.S.INV(0.95) 為 1.645
=NORM.S.INV(0.975) 為 1.96
=NORM.S.INV(0.995) 為 2.576

2-5 二項分配

若不連續隨機變數 X 表 1 次試行的成功次數，它的分配具有下列的機率函數：

$$f(x) = p^x q^{1-x} \qquad x = 0, 1$$

則稱其為 Bernoulli 分配，又可稱為點二項分配（Point Binomial Distribution）。式中 $0 \le p \le 1$，p 為此分配的母數，$q = 1 - p$。

若不連續隨機變數 X 表 n 次試行時成功的次數，其分配具有下列的機率函數：

$$f(x) = \binom{n}{x} p^x q^{n-x} \qquad x = 0, 1, \cdots, n$$

記成 $X \sim B(n, p)$，或 $X \sim B(x; n, p)$，則稱其為二項分配（Binomial Distribution），式中 $q = 1 - p$，$0 \le p \le 1$，n 為正整數，n 及 p 皆為此分配之母數。

1. 基本事項

(1) 一個簡單實驗重複獨立試行 n 次（獨立性）。

(2) 每次試行的結果僅分為「成功」、「失敗」兩個互斥的結果（二值性）。

(3) 成功的機率以 p 表之，它在各次試行中維持不變，且失敗的機率 $q = 1 - p$（定常性）。

(4) $X \sim B(m, p)$，$Y \sim B(n, p)$ 則 $X + Y \sim B(m + n, p)$，此稱為相加性。

(5) 令成功事件為 A，失敗事件為 B，在 n 次試行中，若前 x 次成功，後 $n - x$ 次失敗，由於各項試行是獨立。

$$P\overbrace{A \cap A \cap \cdots A}^{x\text{個}} \cap \overbrace{B \cap \cdots \cap B}^{n-x\text{個}}$$

$$= \overbrace{P(A)P(A)\cdots P(A)}^{x\text{個}} \cdot \overbrace{P(B) \cdot P(B) \cdots P(B)}^{n-x\text{個}}$$

$$= p^x q^{n-x}$$

x 個 A 與 $n - x$ 個 B 共有 $\binom{n}{x}$ 種排法，每種排法出現之機率均為 $p^x q^{n-x}$，各種排法互斥，故相加即為

$$f(x) = \binom{n}{x} p^x q^{n-x} \qquad x = 0, 1, \cdots, n$$

2. 想想看

現有一種單次抽驗計畫（Single Sampling Plan），若由一批產品中抽樣，$n = 10$，所得的不良品數 $X \le 1$，則允收該產品，若 $X > 1$ 則拒收該產品，設不良率分別為 0.1, 0.2, 0.3, 0.4，試繪製其對應允收機率 β 的曲線（此曲線稱為作業特性曲線）。

$$\beta = p\{x \le 1\} = \sum_{x=0}^{1} \binom{10}{x} p^x (1-p)^{10-x} \text{, } p = 0.1, 0.2, 0.3, 0.4$$

p	0.1	0.2	0.3	0.4
β	0.7361	0.3758	0.1493	0.0463

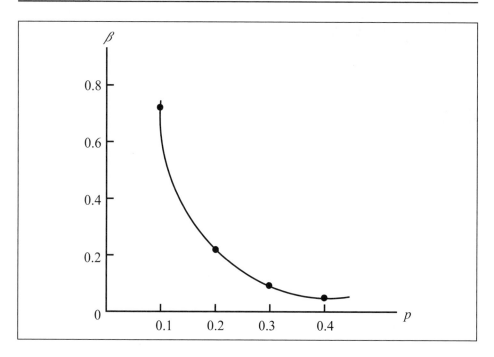

3. 略為詳細解說

問題 1

X 服從二項分配 $B(n, p)$ 其期待值與變異數為
$E(X) = np$, $V(X) = npq$

因二項分配之隨機變數 X 為 Bernolli 隨機變數 Y 之和,

$$E(X) = E(\sum Y) = \sum E(Y) = \sum p = np$$
$$V(X) = V(\sum Y) = \sum V(Y) = \sum pq = npq$$

(1) $p = q = \dfrac{1}{2}$ 時,二項分配為對稱分配

(2) $p < q \left(p < \dfrac{1}{2} \right)$，分配爲右偏

(3) $p > q \left(p > \dfrac{1}{2} \right)$，分配爲左偏

(4) 若 $pq = \dfrac{1}{6}$，此分配爲常態峰

(5) 若 $pq > \dfrac{1}{6}$，此分配爲低潤峰

(6) 若 $pq < \dfrac{1}{6}$，此分配爲高狹峰

問題 2

某工廠開發產品成功率爲 0.40，假設他每次開發的結果不互相影響，試求工廠要開發幾次，才能保證至少成功一次的機率大於 0.77。

令 X 表示達成目標之次數，則 $X \sim B(n, 0.4)$，故

$$p\{X \geq 1\} = 1 - P\{X = 0\}$$
$$= 1 - (0.6)^n$$

又 $1 - (06)^n > 0.77$，$\therefore n > \dfrac{\ln 0.23}{\ln 0.6} = 2.9$

所以此人要開發 3 次或 3 次以上，方能保證至少成功一次之機率大於 0.77。

知識補充站

統計品管學家小傳：克勞斯比

　　品質管理大師克勞斯比（Philip B. Crosby）對世人有卓越貢獻及深遠影響，被譽為當代「偉大的管理思想家」、「零缺陷之父」、「世界品質先生」，終身致力於「品質管理」哲學的發展和應用，引發全球品質活動由生產製造業擴大到工商企業領域。

　　克勞斯比是世界上最具個人魅力的、最具傳奇色彩的、最有企業家精神的管理大師之一。作為品質管理大師，他掀起了起源於美國，並進而影響了世界的零缺陷管理狂飆突進運動；作為企業家，他在數年之內將咨詢事業在華爾街上市；作為教育家，他培訓的企業家、企業經理不可勝數；作為暢銷書作家，他的名字就意味著暢銷。

　　克勞斯比，1926 年出生於西弗吉尼亞州的惠靈（Wheeling）。他曾參與二次大戰和韓戰，其間一度在一所醫療學校待過。克勞斯比的職業生涯始於一條生產線的品管工作，當時嘗試多種方法向主管說明他的理念：預防更勝於救火。他先後任職的公司包括：1952 年於克羅斯萊（Crosley）公司；1957 年至 1965 年於馬丁瑪瑞塔（Martin-Marietta）公司，以及 1965 年至 1979 年於 ITT。在克羅斯萊的時候，他對與品質相關的知識努力學習不遺餘力，幾乎讀遍當時所有的品質書籍，並且加入美國品質學會成為會員。在擔任瑪瑞塔的品質經理時，克勞斯比曾經提出「零缺陷」（Zero Defects）的觀念與計畫，並因此於 1964 年獲得美國國防部的獎章。

　　1979 年他在佛羅里達創立了 PCA 公司（Philip Crosby Associates, Inc.）和克勞斯比品質學院，並在其後的十年時間裡把它發展成為一家在世界 32 個國家用 16 餘種語言授課、全球最大的上市品質管理與教育機構。每天都有全世界各行各業的企業管理人員成群結隊蜂擁而至接受訓練。因為他所倡導的品質改善方法經過世界上成千上萬優秀企業的驗證，被認為是最有效的方法。讓更多的人和組織分享成功的理念，是他創辦品質學院的初衷，也是最負責任的作法。IBM 是 PCA 的第一個客戶。後來他賣掉了 PCA 的一些股份，專心於「領導學」的寫作與演講；1997 年，他又買回了全部的股份，成立了現在的 PCA II。1991 年他自 PCA 退休，另行創立一家以提供演講和研討會以協助目前與未來的公司主管成長的公司 Career IV，Inc.；1997 年，他又買回了 PCA 全部的股份，成立了現在的 Philip Crosby Associates II（PCA II），如今在全球的 20 餘個國家成立品質學院（Quality College）。PCA II 服務的對象包括多國籍企業集團到小型製造公司與服務業公司，協助他們執行品質改善過程。

　　克勞斯比於 2001 年在北卡羅林納州高地市家中病逝，享年 75 歲。

　　克勞斯比先生在全球出版了 15 本暢銷書著作，名著《品質免費》（Quality is Free）由於引發一場美國以及歐洲的品質革命而備受矚目，該書的銷量已超過 250 萬冊，被譯成 16 種文字。

2-6 波瓦松分配

隨機變數 X（特定區間 t 內事件發生次數）符合波瓦松實驗的四個性質者，其機率分配稱為波瓦松（Poisson）分配。波瓦松分配的 *p.d.f.* 為

$$P\{N(t) = x\} = \frac{e^{\lambda t} (\lambda t)^x}{x!} \qquad x = 0, 1, 2, \cdots$$

式中 λt 指 t 個單位區間內某事件所發生之平均次數，$N(t)$ 指 t 個單位區間內發生次數。式中 λ 表示在某單位區間內某事件所發生的平均次數。

1. 基本事項

波瓦松分配的特性說明如下：

(1) 在單位區間內，某事件發生之平均次數 λ 皆相同且已知。如週末晚上（PM6：00～12：00）平均「每小時」有 6 通電話打進 A 宅，則 PM6：30 至 7：30 與 PM8：00 至 9：00 兩個時段中平均「每小時」打進 A 宅的電話通數皆為 6 通。

(2) 在一個特定區間發生事件之期望值（平均數）與區間大小成比例。譬如每小時的電話通數是 6 通，則二小時內的電話通數為 12 通。

(3) 在一極短的區間內，僅有兩種情況即「發生一次」或「不發生」，而發生兩次或以上的情形不予考慮。例如在 0.1 秒的非常微小的區間內，電話通數只有 1 通或沒有。

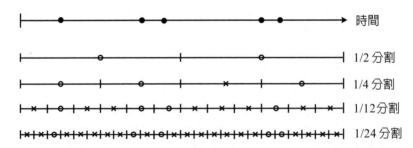

● 事件發生時點　　　○ 事件發生區間　　　✕ 事件不發生區間
由柏努利試行改變成卜氏分配

將時間逐漸分割成小區間，出現 2 個黑點以上的區間，即不存在。因之假定機率為 0。

在卜氏過程 $\{N(t); t > 0\}$ 中，

因 $P\{(N(t + s) - N(t)) = n\} = \dfrac{e^{-\lambda s} (\lambda s)^n}{n!}$，所以

$$P\{(N(t + s) - N(t)) = 0\} = 1 - \lambda s + 0(s)$$

$$P\{(N(t+s) - N(t)) = 1\} = \lambda s + 0(s)$$

$$P\{(N(t+s) - N(t)) \geq 2\} = 0(s)$$

(4)在一特定區間發生事件之次數，與另一區間發生的次數是獨立的。譬如，在 6：30～7：30 的電話通數與 8：00～9：00 的電話通數彼此是獨立的。

2. 想想看

假設美國西部地區地震的發生頻率服從波瓦松分配，其中 $\lambda = 2$，且時間單位為 1 週。（即平均發生次數為每週 2 次）

(1)試求在下兩個星期內，至少有 3 次地震之機率。

(2)試求從現在開始到下次地震發生所需時間之機率分配。

利用波瓦松分配求解如下：

(1)利用 $P\{N(t) = k\} = e^{\lambda t} \cdot \dfrac{(\lambda t)^k}{k!}$，k = 0, 1, $\cdots$ ①

計算如下：

$$P\{N(2) \geq 3\} = 1 - P\{N(2) = 0\} - P\{N(2) = 1\} - P\{N(2) = 2\}$$

$$= 1 - e^{-4} - 4e^{-4} - \frac{4^2}{2}e^{-4}$$

$$= 1 - 13e^{-4}$$

(2)令 X 表示到下次地震發生所需的時間（以週為單位）。因為 X 大於 t 的主要條件為下個單位時間內沒有事件發生，所以從①式得

$$P\{X > t\} = P\{N(t) = 0\} = e^{-\lambda t}$$

所以隨機變數 X 的機率分配函數 F 為

$$F(t) = P\{X \leq t\} = 1 - P\{X > t\}$$

$$= 1 - e^{-\lambda t} = 1 - e^{-2t}$$

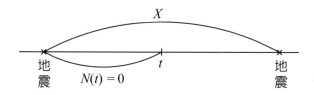

3. 略為詳細解說

問題 1

顧客在 10 am（$t = 0$）到 6 pm（$t = 8$）中到達麥當勞速食店，係服務從波瓦松過程，平均每小時 2 人，(1) 試計算 1 pm 到 3 pm 中，有 k 人（$k = 0, 1, 2$）到達之機率；(2) 在營業時間（10 am～6 pm）顧客到達之平均數與變異數。

(1) 設 $P\{N(t) = x\}$ 表 t 時間內有 x 人到達之機率

$$p(0) = P\{N(2) = 0\} = \frac{e^{-\lambda t}(\lambda t)^0}{0!} = e^{-2 \times 2} \fallingdotseq 0.018$$

$$p(1) = P\{N(2) = 1\} = 0.073 ; \qquad p(2) = P\{N(2) = 2\} = 0.147$$

(2) 在營業時間中顧客到達之平均數與變異數爲

$$E[N(8)] = \lambda t = 2 \times 8 = 16 \text{ 人} ; V[N(8)] = \lambda t = 16 \text{ 人}^2$$

問題 2

有讀者反映某位作者所寫的財管書有些錯字。假設錯字的發生頻率服從波瓦松分配。該書共有 300 頁，前 100 頁平均每 10 頁有一個錯字，從 200 頁平均每 20 頁有一個錯字，問

(1) 本書總共有 10 個錯字的機率是多少？

(2) 本書至少有 10 個錯字的機率是多少？

設 X_1 表前 100 頁中的錯字數，$\lambda_1 = 0.1$ 字／頁

因之

$$X_1 \sim P.D.(\lambda_1) = P.D.(0.1)$$

設 X_2 表後 200 頁中的錯字數，$\lambda_2 = 0.05$ 字／頁

因之

$$X_2 \sim P.D.(\lambda_2) = P.D.(0.05)$$

設 $Y = X_1 + X_2$ 表本書 300 頁中的錯字數，由卜氏的加法性知，$\lambda_1 + \lambda_2 = 0.15$

因之

$$Y \sim P.D.(\lambda_1 + \lambda_2) = P.D.(0.15)$$

所以

(1) $P(Y = 10) = \dfrac{e^{-0.15 \times 300}(0.15 \times 300)^{10}}{10!}$

(2) $P(Y \geq 10) = 1 - P(Y < 9) = 1 - P(Y \leq 8) = 1 - \sum_{x=0}^{8} \dfrac{e^{-0.15 \times 300}(0.15 \times 300)^x}{x!}$

問題 3

假設某一工廠其機器設施會發生意外的機率非常小，從過去的經驗得知，一天中該機器設備會發生意外的機率爲 0.005，且意外發生的事件是不相關的。請問

(a) 在 400 天內，該工廠會發生一次意外的機率爲何？

(b) 在 400 天內，該工廠最多 3 天會發生意外的機率爲何？

設 X 表 400 天中該機器設備會發生意外的次數

$\lambda = $ 一天中該機器設備會發生意外的機率爲 0.005；$P(X=1) = \dfrac{e^{-0.005 \times 400}(0.005 \times 400)^1}{1!}$

$= 0.27$；$P(X \leq 3) = \sum_{x=0}^{3} \dfrac{e^{-0.005 \times 400}(0.005 \times 400)^x}{x!} = 0.857$

第3章
統計推論的想法

3-1 點估計的想法

從數據推測母體（Population）中想知道之值。

- 從數據中以 1 個值推測母數
- 對現狀的母數進行點估計（現狀掌握）
- 點估計值的比較（要因分析）
- 利用點估計確認效果（效果確認、防止再發）

1. 基本事項

收集數據是為了了解母體的情形。推測母體情形之作業稱為估計（Estimate）。譬如，隨機選出 n 個產品，其中假定發現 x 個不良。此時

$$\hat{P} = \frac{x}{n}$$

稱為樣本不良率。這是在估計母不良率 P（真正的值）。為了使估計 P 之值一事明確而加上「^」的記號。看起來像是戴帽子所以讀成 hat。

母不良率 P 之值必須調查全部母體才行。事實上那樣的作法是不可行的，所以收集有限個數據，利用樣本不良率推測 P 之值。以 1 個值推測稱為點估計。

其次，當收集了計量值數據 $x_1, x_2, \cdots, x_n$ 時，先計算樣本平均 $\bar{x}$、樣本變異數 V、樣本標準差 s。利用這些估計「表示母體中心位置的母平均」、「表示母體變異大小的母變異數 σ^2 或母標準差 σ」。亦即

$$\hat{\mu} = \bar{x},\ \hat{\sigma}^2 = V,\ \hat{\sigma} = s$$

為了進行點估計所計算的統計量稱為點估計量（或稱點估計式）。並且，由數據計算點估計量的具體數值稱為估計值。

2. 想想看

問題 1

為了估計製造機 A 的母不良率 P_A，隨機地從製造機 A 中所製造的產品取出 $n_A = 2,000$ 個來調查，發現出 $x_A = 200$ 個不良品，試估計母不良率 P_A。
另外，為了估計製造機 B 的母不良率 P_B，隨機地從製造機 B 中所製造的產品取出 $n_B = 50$ 個來調查，發現 $x_B = 5$ 個不良品，試估計母不良率 P_B。

製造機 A 與製造機 B 的母不良率的點估計值分別是

$$\hat{P}_A = \frac{200}{2000} = 0.1,\ \hat{P}_B = \frac{5}{50} = 0.10$$

任一者的點估計值均相同為 0.10（10%）。可是，製造機 A 的點估計值是從 $n_A =$ 2,000 個的數據中求出。數據數較多，因之 0.10 之值似乎比較可以信賴。另一方面，製造機 B 的點估計值僅僅是從 $n_B = 50$ 個數據求得，故無法不折不扣地接受點估計值。

問題 2

除第 3-1 節所敘述之外，有何種的點估計值呢？

　譬如，相關係數 r 是母相關係數（通常以 ρ 表示）的點估計值。所謂母相關係數是表示母體中的相關係數的大小。並且，由數據所計算的單迴歸直線也是點估計值。假想母體中的迴歸直線，再對此進行點估計。2-4 節中介紹了四種工程能力指數：

$$C_P = \frac{SU - SL}{6\sigma} \, , \, C_{PU} = \frac{SU - \mu}{3\sigma} \, , \, C_{PL} = \frac{\mu - SL}{3\sigma}$$

$$C_{PU} = \min(C_{PU}, C_{PL}) = \min\left(\frac{SU - \mu}{3\sigma}, \frac{\mu - SL}{3\sigma}\right)$$

這些均為母數，可稱為母工程能力指數。

　利用計量值數據 $x_1, x_2, \cdots, x_n$ 求出點估計量 $\hat{\mu} = \bar{x}$，$\hat{\sigma} = s$ 之後，即可如下對母工程能力指數進行點估計。

$$\hat{C}_p = \frac{SU - SL}{6\hat{\sigma}} = \frac{SU - SL}{6s} \, , \, \hat{C}_{PU} = \frac{SU - \hat{\mu}}{3\sigma} = \frac{SU - \bar{x}}{3s}$$

$$\hat{C}_{PU} = \frac{\hat{\mu} - SL}{3\sigma} = \frac{-SL}{3s}$$

$$\hat{C}_{PK} = \min(\hat{C}_{PU}, \hat{C}_{PL}) = \min\left(\frac{SU - \bar{x}}{3s}, \frac{\bar{x} - SL}{3s}\right)$$

因為是點估計量所以加上 hat 的記號。

3. 略為詳細說明

　試考察職棒打手的打擊率。棒球季開鑼的時候，有幾位是有 4 成或 5 成的打擊率。可是，打擊數還算少，偶爾不過是打擊的狀況良好的表現而已。棒球季結束以前不能認為可以保持 4 成的打擊率。

　在棒球季結束後要決定首位打擊手時，有規定打擊數（隊伍比賽數 ×3.1）的條件。只以有足夠多的打擊數的打擊手來比較。僅有少數打擊數的打擊手是不能成為評估的對象。進行點估計時，有需要經常想到的是依據多少的數據數所得出的結果。表示點估計值時，要併記數據數的多寡。並且，如查看別人的報告書上所顯示的點估計值時，應確認數據數是多少之後再評估。

　特別是工程能力指數有需要注意，在品質管理的領域裡，為了判斷工程能力經常使用工程能力指數。並且，困擾的是點估計量，幾乎未使用 hat 的記號加以記載。儘管是從少數的數據所求出的工程能力指數的點估計值，如 1.33 以上就立即判斷 OK 的情形有不少。此事令人擔心的是以較少的數據數偶爾出現有好的結果時，即有回避再進一步檢討的傾向。務必要確認數據的數量。

3-2 區間估計的想法

加上寬度推測想知道之值。

・從數據以區間推測母數的範圍
・現狀的母體的母數的區間估計（現狀掌握）
・利用區間估計比較差異（要因分析）
・利用區間估計確認效果（效果確認、防止）

1.基本事項

點估計是以 1 個值推測母數的形式。它的值有多少的可信度呢？從點估計值是無法知道的。因此，曾提及要併記數據數是非常重要的。

另一方面，有區間估計的另一種想法，以低估時是△△，高估時是○○的方式來估計。亦即，以母數大概是會落在區間（△△ , ○○）中的方式來估計。

如加寬區間時，它區間包含母數的可能性即變高。可是，以大的區間估計並不太有幫助。區間寬度小與包含母數的可能性大是有權衡（trade off）的關係。

因此，進行區間估計時，考量包含母數的機率，以 95% 或 90% 那樣基於統計理論來建立區間，此機率稱爲信賴率。信賴率的大小是由解析者自由決定的，一般使用 95% 與 90%。並且，所得到的區間稱爲信賴區間。

隨機選出 n 個產品，如發現出有 x 個不良品時，母不良率 P 的點估計量是

$$\hat{P} = \frac{x}{n}$$

相對地，母不良率 P 的信賴率 95% 的信賴區間可以使用下式求出。

$$\left(\hat{P} - 1.960\sqrt{\frac{\hat{P}(1-\hat{P})}{n}}, \ \hat{P} + 1.960\sqrt{\frac{\hat{P}(1-\hat{P})}{n}} \right)$$

上式的 1.960 是 2-2 節中所述的標準常態分配上側 2.5% 之值。如將此 1.960 變更成 1.645 時，信賴率即成爲 90%。要注意數據數 n 愈大，區間即變狹。

母平均、母變異數、母標準差、母相關係數、母工程能力指數等也都有區間估計的方法。

2.想想看

問題 1

為了估計製造機 A 的母不良率 P_A，隨機地從製造機 A 中所製造的產品取出 $n_A = 2,000$ 個來調查，發現出 $x_A = 200$ 個不良品，試估計母不良率 P_A。

另外，為了估計製造機 B 的母不良率 P_B，隨機地從製造機 B 中所製造的產品取出 $n_B = 50$ 個來調查，發現 $x_B = 5$ 個不良品，試估計母不良率 P_B。

對製造機 A 來說，

$$\hat{P}_A = \frac{200}{2000} = 0.10$$

信賴率 95% 的信賴區間為

$$0.10 \pm 1.960 \sqrt{\frac{0.10(1-0.10)}{2000}} = 0.10 \pm 0.01$$
$$= 0.09, 0.11$$

又，對製造機 B 來說，

$$\hat{P}_B = \frac{5}{50} = 0.10$$

信賴率 95% 的信賴區間為

$$0.10 \pm 1.96 \sqrt{\frac{0.10(1-0.10)}{50}} = 0.10 \pm 0.08$$
$$= 0.02, \ 0.18$$

問題 2

試考察電視的收視率。此譬如在台北地區（數百萬住戶）中，調查有多少比率的住戶收看某節目 A。在台北地區中隨機取出 $n = 600$ 住戶進行調查。節目 A 的收視率 20% 是點估計值。在信賴率 95% 下的信賴區間是多少？

收視率是 20%，所以點估計值是 $\hat{P} = 0.20$。今 $n = 600$ 戶，信賴率 95% 的信賴區間是

$$0.20 \pm 1.96 \sqrt{\frac{0.20(1-0.20)}{600}} = 0.20 \pm 0.03$$
$$= 0.17, \ 0.23$$

有 3% 前後的誤差可能性。在電視收視率調查中將此 3% 說是 3 個百分點。

問題 3

就問題 2 的電視收視率來說，爲了讓誤差再小一位數，要多增加多少的調查戶數呢？

如查看區間估計的公式時，數據數 n 是區間寬度的根號中的分母。因此，將區間寬度縮小 1/10 倍，有需要將數據數放大 100 倍，亦即有需要使 $n = 60,000$。

3. 略爲詳細說明

在 3-1 節中曾提及在品質管理中經常用工程能力指數，卻未適切區別母數與統計量令人感到困擾的。並且，也提及儘管以較少的數據數來計算，但以 1.33 以上即認定 OK 的判定是不好的。

數據數少時，點估計量之值是不能不折不扣的相信。因此，建構信賴區間使用它的信賴下限來判定是較理想的。

記載工程能力指數的信賴區間公式的文獻很少，此處不妨介紹一下。4 個母工程能力指數 C_P, C_{PU}, C_{PL}, C_{PK}（參照 2-4 節）的點估計的方法如 3-1 節所述。使用這些，信賴率 95% 的區間估計如下進行。

$$\left(\hat{C}_P \sqrt{\frac{\chi^2(n-1, 0.975)}{n-1}}, \ \hat{C}_P \sqrt{\frac{\chi^2(n-1, 0.025)}{n-1}} \right)$$

$$\hat{C}_{PU} \pm 1.960 \sqrt{\frac{\hat{C}_{PU}^2}{2(n-1)} + \frac{1}{9n}}$$

$$\hat{C}_{PL} \pm 1.960 \sqrt{\frac{\hat{C}_{PL}^2}{2(n-1)} + \frac{1}{9n}}$$

$$\hat{C}_{PK} \pm 1.960 \sqrt{\frac{\hat{C}_{PK}^2}{2(n-1)} + \frac{1}{9n}}$$

C_P 的信賴區間是使用 χ^2 分配的機率分配之值（$\chi^2(n-1, 0.975)$, $\chi^2(n-1, 0.025)$）。卡方分配在統計方法的教科書中是必定有記載的基本機率分配，當然也可利用 Excel 求出。一部分所需的卡方分配的機率分配表如表 1 所示。

表 1 卡方分配的機率分配表的一部分資料

n	$n-1$	$\chi^2(n-1, 0.975)$	$\chi^2(n-1, 0.025)$
10	9	2.70	19.02
20	19	8.91	32.85
30	29	16.05	45.72
40	39	23.65	58.12
50	49	31.55	70.22
100	99	73.36	128.42

C_{PU}, C_{PL} 及 C_{PK} 的信賴區間是相同形式。

只存在規格上限時,從 $n = 20$ 個數據,以點估計計算的結果假定是 $\hat{C}_{PU} = 1.50$。如計算信賴率 95% 的信賴區間時,即爲

$$1.50 \pm 1.960 \sqrt{\frac{1.50^2}{2(20-1)} + \frac{1}{9 \times 20}} = 1.50 \pm 0.50$$
$$= 1.00, \ 2.00$$

雖然點估計值呈現高的製程能力,但信賴下限卻是不足之值。

同樣的狀況,自 $n = 100$ 個數據,以點估計計算的結果假定是 $\hat{C}_{PU} = 1.50$,如計算信賴率 95% 的信賴區間時,即爲

$$1.50 \pm 1.96 \sqrt{\frac{1.50^2}{2(100-1)} + \frac{1}{9 \times 100}} = 1.50 \pm 0.22$$
$$= 1.28, \ 1.72$$

由於數據變多,因而區間寬度變窄,信賴下限之值也幾乎滿足。

3-3 檢定的想法

依據數據來判斷。

· 點估計值的差異，以超出誤差的差異來判斷
· 判斷現狀的差異（現狀掌握）
· 判斷要因造成的差異（要因分析）
· 判斷有無效果（效果確認）

1.基本事項

估計是推測母數的作業，另一方面，基於點估計值進行某種判斷之作業稱為檢定。

譬如，考察以兩個製造機所製造的產品的母不良率之比較。製造機 A 的母不良率以 P_A 表示，製造機 B 的母不良率以 P_B 表示時，想依據數據判定 P_A 與 P_B 是否不同。此時，如下設定假設再進行檢定。

虛無假設 $H_0：P_A = P_B$

對立假設 $H_1：P_A \neq P_B$

雖然覺得假設有些誇大，但在檢定時是使用此種用語。

由於 P_A 與 P_B 未知，首先分別進行點估計。如從製造機 A 所製造的產品取出 n_A 個發現 x_A 個不良，從製造機 B 所製造的產品取出 n_B 個發現 x_B 個不良時，P_A 與 P_B 的點估計量是

$$\hat{P}_A = \frac{x_A}{n_A}, \ \hat{P}_B = \frac{x_B}{n_B}$$

即使是 $\hat{P}_A \neq \hat{P}_B$，然而 $\hat{P}_A$ 與 $\hat{P}_B$ 之差異小的話，$H_0：P_A = P_B$ 成立因誤差，所以 $\hat{P}_A \neq \hat{P}_B$ 嗎？或是 $H_1：P_A \neq P_B$，反映它因而 $\hat{P}_A \neq \hat{P}_B$ 嗎？無法判斷。

另一方面，如果 $\hat{P}_A$ 與 $\hat{P}_B$ 的差異大的話，不易認為 H_0 是成立的，因而否定 H_0，於是判斷 $H_1：P_A \neq P_B$。

$$|U_0| \geq 1.96$$

$$U_0 = \frac{\hat{P}_A - \hat{P}_B}{\sqrt{\hat{P}(1-\hat{P})\left(\frac{1}{n_A} + \frac{1}{n_B}\right)}}$$

$$\hat{P} = \frac{x_A + x_B}{n_A + n_B}$$

上式的本質部分是 U_0 的分子的 $\hat{P}_A - \hat{P}_B$。將它的差異大小基於機率分配來評價。U_0 是檢定所用的統計量，所以稱為檢定統計量。

$\hat{P}_A - \hat{P}_B$ 的大小評價，如觀察 U_0 的分母時，知與數據數 n_A 與 n_B 有關。

2. 想想看

問題 1

從製造機 A 所製造的產品中隨機抽出 $n_A = 200$ 個調查之後，發現有 $x_A = 20$ 個不良品。另外，從製造機 B 所製造的產品中隨機取出 $n_B = 300$ 個調查之後，發現有 $x_B = 15$ 個不良品。請檢定母不良率是否依兩台製造機而有不同呢？

$$\hat{P}_A = \frac{20}{200} = 0.10, \ \hat{P}_B = \frac{15}{300} = 0.05$$

$$\hat{P} = \frac{20 + 15}{200 + 300} = 0.07$$

$$U_0 = \frac{0.10 - 0.05}{\sqrt{0.07(1 - 0.07)\left(\dfrac{1}{200} + \dfrac{1}{300}\right)}} = 2.14$$

$$|U_0| = 2.147 > 1.960$$

可以判斷兩台製造機的母不良率是不同的。

問題 2

從製造機 A 的產品中隨機取出 $n_A = 100$ 個調查之後，發現 $x_A = 10$ 個不良品，另外，從製造機 B 的產品中隨機取出 $n_B = 100$ 個調查之後，發現 $x_B = 5$ 個不良品，檢定母不良率是否因兩台製造機而有不同（與問題 1 相同設定，但數據數不同）。

$$\hat{P}_A = \frac{10}{100} = 0.10, \ \hat{P}_B = \frac{5}{100} = 0.05$$

$$\hat{P} = \frac{10 + 5}{100 + 100} = 0.075$$

$$U_0 = \frac{0.10 - 0.05}{\sqrt{0.075(1 - 0.075)\left(\dfrac{1}{100} + \dfrac{1}{100}\right)}} = 1.342$$

$$|U_0| = 1.342 < 1.960$$

　　不管是問題 1 或問題 2，點估計值 $\hat{P}_A = 0.10$ 與 $\hat{P}_B = 0.05$ 都是相同的。可是，判定之不同，是因為數據數不同所致。點估計值之差 0.05 可以有多少的信賴呢？是依數據數而有不同。

　　問題 2 中，$P_A = P_B$ 的成立是無法斷定的。也許是 $P_A = P_B$，也許是 $P_A \neq P_B$。無法明確地說出，因為數據少，所以有「證據不足」之感。

3. 略為詳細說明

今想比較兩個母體的變異。此時，從母體 A 隨機取出 n_A 個計量值數據 $x_1, x_2, \cdots, x_{n_A}$；由母體 B 隨機取出 n_B 個計量值數據 $y_1, y_2, \cdots, y_{n_B}$；分別計算樣本變異數後再比較。

$$V_A = \frac{S_A}{n_A - 1} = \frac{(x_1 - \overline{x})^2 + \cdots + (x_{n_A} - \overline{x})^2}{n_A - 1}$$

$$V_B = \frac{S_B}{n_B - 1} = \frac{(y_1 - \overline{y})^2 + \cdots + (y_{n_B} - \overline{y})^2}{n_B - 1}$$

假設建立如下：

虛無假設 $H_0 : \sigma_A^2 = \sigma_B^2$，對立假設 $H_1 : \sigma_A^2 \neq \sigma_B^2$

如圖示這些假設時，即爲圖 1 與圖 2。

V_A 與 V_B 如不太有差異時，是 $\sigma_A^2 = \sigma_B^2$ 或是 $\sigma_A^2 \neq \sigma_B^2$ 並不明確。相對的，如 V_A 與 V_B 之差異大時，則否定 $\sigma_A^2 = \sigma_B^2$，判斷 $\sigma_A^2 \neq \sigma_B^2$。

測量兩個樣本變異數之差異時，如考量差 $V_A - V_B$ 時，由於這是具有數據單位的平方，所以取決於單位的量。因此，選取 V_A / V_B 時，即成爲不取決於單位的量，測量它是否偏離 1。要偏離 1 多少才可判斷 $\sigma_A^2 \neq \sigma_B^2$ 呢？依據 F 分配的統計理論來決定。

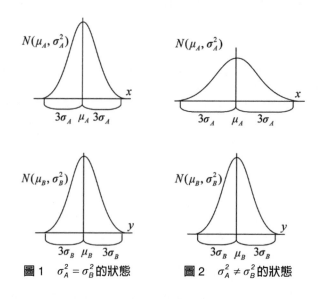

圖 1　$\sigma_A^2 = \sigma_B^2$ 的狀態　　　圖 2　$\sigma_A^2 \neq \sigma_B^2$ 的狀態

同樣，想比較兩個母體的中心位置。由母體 A 的計量值數據 $x_1, x_2, \cdots, x_{n_A}$ 及由母體 B 的計量值數據 $y_1, y_2, \cdots, y_{n_B}$ 分別計算樣本平均 $\overline{x}_A$ 及 $\overline{x}_B$。

假設建立如下

虛無假設 $H_0 : \mu_A = \mu_B$

對立假設 $H_1 : \mu_A \neq \mu_B$

圖 3 與圖 4 是圖示這些假設。

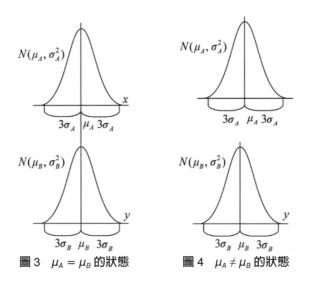

圖 3　$\mu_A = \mu_B$ 的狀態　　　圖 4　$\mu_A \neq \mu_B$ 的狀態

如果 $\bar{x}_A$ 與 $\bar{x}_B$ 差異不大時，是 $\mu_A = \mu_B$ 或是 $\mu_A \neq \mu_B$ 呢？並不明確。相對地，$\bar{x}_A$ 與 $\bar{y}_B$ 有甚大差異時，即否定 $\mu_A = \mu_B$，可以判斷 $\mu_A \neq \mu_B$。

兩個樣本平均之差異是使用差 $\bar{x}_A - \bar{y}_B$ 來測量。依據 t 分配的統計理論其檢定統計量可如下求出。

$$t_0 = \frac{\bar{x}_A - \bar{y}_B}{\sqrt{V\left(\dfrac{1}{n_A} + \dfrac{1}{n_B}\right)}}, \quad V = \frac{S_A + S_B}{(n_A - 1) + (n_B - 1)}$$

這是不依存數據單位的量。

3-4 檢定中兩種失誤

判斷會帶來兩種失誤。

> ・理解兩種失誤後正確使用檢定
> ・理解檢定的界限
> ・為了將檢定結果與行動適切結合而理解想法

1.基本事項

檢定中有兩種失誤的可能性。

試考察 3-3 節最初所述的兩個母不良率的檢定。虛無假設與對立假設如下：

虛無假設 H_0：$P_A = P_B$

對立假設 H_1：$P_A \neq P_B$

檢定結果有「H_0（不否定 H_0）」與「H_1（否定 H_0）」。

原本 H_0 是成立的，卻否定 H_0 而判斷 H_1 成立的失誤，稱為第一種失誤。另一方面，原本 H_1 是成立的，卻不否定 H_0 的失誤，稱為第二種失誤。這些表示在表 1 中。真正成立的是 H_0 或 H_1，但何者並不得而知。正因為如此想依據數據來判斷。

檢定時，平常將犯第一種失誤之機率 α 當作 0.05 來設定，此稱為顯著水準。

犯第二種失誤的機率 β 依 H_1 的狀況而改變。如果差 $P_A - P_B$ 大的話，此差異的檢出容易，因之 β 即變小，但是差 $P_A - P_B$ 如果小的話，此檢出困難，β 即變大。

原本 H_1 成立時，否定 H_0，正確判斷為 H_1 的機率是 $1 - \beta$，將此稱為檢定力。

表 1　檢定中兩種失誤

		真正成立的是	
		虛無假設 H_0	對立假設 H_1
檢定結果	H_0	正確 （機率：$1 - \alpha$）	第二種失誤 （機率：β）
	H_1	第一種失誤 （機率：α）	正確 （機率：$1 - \beta$）

第一種失誤配合語感稱為「慌張忙亂」的失誤，母不良率並無差異，卻判斷有差異，於是左思右想地思考對策。

第二種失誤配合語感稱為「疏忽大意」的失誤，母不良率有差異，有需要謀求對策，卻忽略差異。

由表 1，檢定結果如果是 H_1 成立時，即使有失誤也是較小的機率 α，所以可以積極地敘述結論。相對地，檢定結果如是 H_0 成立時，有可能是較大的機率發生失誤，所

以無法積極地斷定 H_0。

2. 想想看

將假設分別當作「H_0：未發生火災」、「H_1：發生火災」，將檢定結果想成火災警報器的反應，此時的第一種失誤與第二種失誤是如何對應的呢？試說明看看。

　第一種失誤是「原本並未發生火災，火災警報器卻響起」，第二種失誤是「真正發生了火災，可是火災警報器卻未響起」。

假定 A 先生犯了罪擬交法官裁決。假設當作「H_0：A 先生不是犯人」、「H_1：A 先生是犯人」。檢定結果想成「無罪的判決」、「有罪的判決」，第一種失誤與第二種失誤是對應什麼？請說明看看。

　第一種失誤是「原本並非犯人，卻接受有罪的判決」，第二種失誤是「原本是犯人，卻接受無罪的判決」。

由產品抽樣檢查，如母不良率在 1% 以上，即將批以不出貨處理。此時，敘述假設，另外，第一種失誤與第二種失誤是對應什麼，請說明看看。

　假設可以想成是「H_0：可以出貨的產品批」、「H_1：無法出貨的產品批」。第一種失誤是「原本可以出貨，卻未出貨」。犯下此種失誤之機率 α 稱為生產者冒險率。第二種失誤是「原本無法出貨，卻出貨」。犯下此種失誤之機率 β 稱為「消費者冒險率」。

　不限於檢定，一般判斷時均帶有兩種失誤的可能性，醫院中疾病的診斷等可以想到許多的場合。

3. 略為詳細解說

　就某個硬幣（出現正面或反面）設定如下的假設。

　H_0：硬幣是正確的（正面出現的機率是 1/2）

　H_1：硬幣不是正確的（正面出現的機率不是 1/2）

　今為了判定些假設，投擲 5 次此硬幣，如果「5 次均出現正面」或「5 次均出現反面」時，否定 H_0，即判斷硬幣是假的。

　在以上的設定下，試著計算第一種失誤的機率 α 及第二種失誤的機率 β。

　第一種失誤的機率 α，由於是在 H_0 正確時，否定 H_0 之機率，所以

$$\alpha = P_r(5次均正) + P_r(5次均反)$$

$$= \left(\frac{1}{2}\right)^5 + \left(\frac{1}{2}\right)^5 = \frac{1}{16} = 0.0625$$

值相當地小。

另一方面,第二種失誤之機率 β 是在 H_1 爲眞時接受 H_0,而 $1 - \beta$ 是在 H_1 爲眞時否定 H_0 之機率。對 H_1 來說有可能出現各種狀況。因此,譬如考察正面出現的機率是 1/3(反面出現的機率是 2/3)的狀況吧。首先,求出在 H_1 時否定 H_0 之機率 $1 - \beta$。

$$1 - \beta = P_r(5次均正) + P_r(5次均反)$$

$$= \left(\frac{1}{3}\right)^5 + \left(\frac{2}{3}\right)^5 = \frac{33}{243} = 0.1358$$

因此, $\beta = 1 - 0.1358 = 0.8642$

接著,考察正面出現的機率是 1/5(反面出現之機率是 4/5)的狀況吧。

$$1 - \beta = P_r(5次均正) + P_r(5次均反)$$

$$= \left(\frac{1}{5}\right)^5 + \left(\frac{4}{5}\right)^5 = \frac{1025}{3125} = 0.3280$$

$$\beta = 1 - 0.3280 = 0.6720$$

像這樣,儘管將第一失誤的機率 α 設定小些,第二種失誤的機率 β 依狀況即改變,有時變得非常地大。

爲了使 β 之值變小,有需要增加數據數。以上面硬幣的例子來說,有需要在投擲更多次之後再判定。

知識補充站

統計品管學家小傳：費根堡

費根堡博士（Armond Vallin Feigenbaum）1920 年 4 月 6 日出生於美國紐約，1942 年畢業於聯合學院（Union College）其後就讀麻省理工學院於 1948 年獲碩士學位，1951 年獲博士學位，他的名著《全面品質管制》（Total Quality Control, TQC）是在他攻讀博士學位期間完成的，該書目前已發行二十種語文版，包括法文、日文、中文、西班牙文及俄文等，並被全世界廣泛地用來做為實施品質管制的基礎，於 1991 年發行第 40 週年紀念版。這本書中的觀念影響了 1950 年代初期許多日本早期的品質管理哲學。事實上，許多公司使用全面品質管制這個名詞來描述他們的努力。他提出了改善品質的三個步驟：品質領導、品質技術和組織投入。關於品質技術（Quality Technology），費根堡所指的是統計方法和其他技巧性以及工程的方法。

費根堡與奇異公司（General Electric）淵源甚深，在該公司工作達 31 年之久，他從工具製造學徒做起，其間包括於 1958～1968 年出任全公司的製造作業與品質管制經理在內。

1988 年費根堡與其同在 GE 公司任作業經理職的兄長杜納德（Donald）共同創業，成立通用系統公司（General System Company. Inc），他出任總裁兼首席執行官負責全球業務運作，業務遍及北美洲、南美洲、歐洲與亞洲的製造與服務性企業，設計並安裝專利營運管理系統。他曾協助全球最成功的七十餘家公司改進其業務以提昇其獲利能力與競爭力，獲得成功。同年，費根堡博士接受華府商務部長的委聘，加入馬康巴立治國家品質獎計畫的監察委員會（Board of Overseers of The Malcolm Baldrige National Quality Award Program）。

1992 年費根堡博士被選入美國國家工程學院（National Academy of Engineering），他是國際品質學院（International Academy of Quality）──遍及全球的品管組織──創始理事會的理事長，並擔任「美國品質管制學會」兩任理事長及一任理事會主席，亦曾任由美國贊助的國際通用管理機構「國際管理進步委員會」（Council for International Progress in Management）理事長；「工程師聯合委員會」（Engineers Joint Council）多屆的理事。費根堡博士也是美國陸軍顧問團的成員，並曾二度擔任美國陸軍品質保證活動中全系統面評價的總召集人。

3-5 管制圖

解讀工程的時間變化。

- · 利用時間推移掌握工程的好壞程度（現狀分析）
- · 層別的檢討（現狀掌握、要因分析）
- · 利用時間推移掌握對策後的工程（效果確認）
- · 良好狀態的維持與管理（防止、維持、管理）

1. 基本事項

考察第 1 時點到第 k 時點。各時點均收集 n 個數據 $x_1, x_2, \cdots, x_n$；計算出平均 $\bar{x}$ 與全距 R。

$$\bar{x} = \frac{x_1 + x_2 + \cdots x_n}{n}$$

$$R = x_{\min} - x_{\min} = （最大值） - （最小值）$$

從第 1 時點到第 k 時點為止，按各時點將 $\bar{x}$ 描出，並於上下畫出管制界限。此圖稱為 $\bar{x}$ 管制圖。又，按各時點將 R 描出，於上下畫管制界限。此圖稱為 R 管制圖。兩者合在一起稱為 $\bar{x} - R$ 管制圖。

管制界限有中心線（Central Line, CL）、管制上限（Upper Control Limit, UCL）、管制下限（Lower Control Limit, LCL）。

管制界限與規格值是無關的。

2. 想想看

問題 1

圖 1～4 的 $\bar{x} - R$ 管制圖，是依據圖 5～8 的哪一個母體（工程）在推移的？

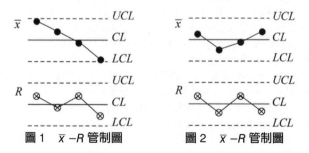

圖 1　$\bar{x} - R$ 管制圖　　　圖 2　$\bar{x} - R$ 管制圖

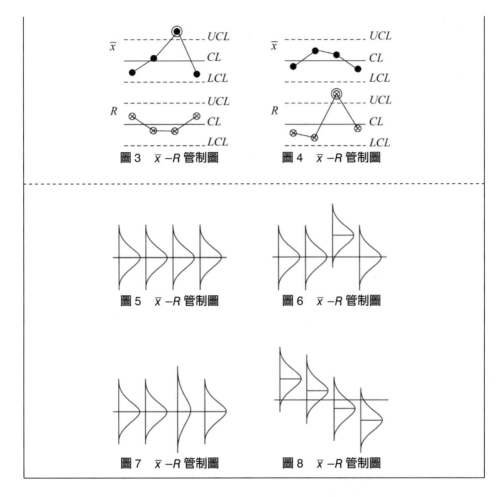

圖3　$\bar{x}$ −R 管制圖　　圖4　$\bar{x}$ −R 管制圖

圖5　$\bar{x}$ −R 管制圖　　圖6　$\bar{x}$ −R 管制圖

圖7　$\bar{x}$ −R 管制圖　　圖8　$\bar{x}$ −R 管制圖

　　如溢出管制界限稱爲失控（Out of Control），想成是發生異常，要採行處置。如無失控，而且描點也無習性時，則判斷處於管制狀態（Under Control）。

　　首先，查看 R 管制圖，觀察各個母體的變異（稱母變異數，也稱爲組內變動）有無變化。其次，查看 $\bar{x}$ 管制圖，觀察母體的中心位置（母平均）有無變化（稱爲組間變動）。

　　圖1：R 管制圖是管制狀態。可以想成組內變動一定。$\bar{x}$ 管制圖的中心位置呈現慢慢下降。圖8 與此對應。

　　圖2：R 管制圖與 $\bar{x}$ 管制圖均是管制狀態。圖5 與此對應。

　　圖3：R 管制圖是管制狀態，$\bar{x}$ 管制圖有失控情形。圖6 與此對應。

　　圖4：R 管制圖有失控情形，$\bar{x}$ 管制圖似乎無特別的問題。圖7 與此對應。

問題 2

母體的推移是圖 9 時，與此對應的管制圖會形成如何呢？

後半平均小，變異也小

圖 9　母體的推移

後半的母體其母變異數或母平均均比前半小。由這些來看，R 管制圖的後半 R 應該是當作小值被描點的。又，$\bar{x}$ 管制圖的後半，$\bar{x}$ 應該是當作小值被描點的。可以得出如圖 10 所示的 $\bar{x} - R$ 管制圖。

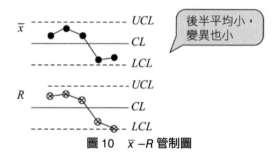

後半平均小，變異也小

圖 10　$\bar{x} - R$ 管制圖

在問題 1 或問題 2 中，母體的個數（也稱為組的個數）k 是 4 或 5。繪製管制圖用以判斷時是過少的。有需要準備 20 個以上的組。

3. 略為詳細解說

按照如下求出 $\bar{x}$ 管制圖的管制界限。

$$CL = \bar{\bar{x}}$$
$$UCL = \bar{\bar{x}} + A_2 \bar{R}$$
$$LCL = \bar{\bar{x}} - A_2 \bar{R}$$

$\bar{\bar{x}}$ 是以 k 個組的各組數據所計算的平均 $\bar{x}$ 的平均（$\bar{x}$ 管制圖中是已描出的 k 個點的平均）。$\bar{R}$ 是 k 個組的各組數據所計算的 R 的平均（在 R 管制圖是已描出的 k 個點的平均）。此外，A_2 是 $\bar{x}$ 管制圖的係數表上所記載之值。對應各組中的數據 n 來決定。表中的幾個值是從文獻引用，再表示於表 1 中。

R 管制圖的管制界限如下求出。

$$CL = \overline{R}$$
$$UCL = D_4\overline{R}$$
$$LCL = D_3\overline{R}$$

　　D_3, D_4 是 R 管制圖的係數表中所記載的值，對應各組中的數據數 n 來決定。表中的幾個值是從文獻引用，再表示於表 1。

　　管制界限是依據如下求出，即

（中心線）± 3×（使用的統計量的標準差）

此時利用統計理論所計算出來的係數值如表 1 所示。

　　表 1 中有「不考慮」一事，計算的結果其管制下限是負數，在全距中負值是不可能的，所以記成「不考慮」。

　　管制圖是進行與檢定同樣的事項。管制狀態對應虛無假設。譬如，問題 1 的圖 5 即是，除此之外的類型即為對立假設。

表 1　$\overline{x}$ −R 管制圖

n	A_2	D_3	D_4
2	1.880		3.267
3	1.023		2.575
4	0.729		2.282
5	0.577		2.115
10	0.308	0.223	1.777

　　管制圖並非只是觀察有無失控的點，線上升傾向或下降傾向等，從各種觀點來觀察母體（工程）的時間性變化。

　　管制圖除上述的 $\overline{x} - R$ 管制圖外，也有許多其他的管制圖。

3-6 檢驗的想法

確認產品的品質是否如目標那樣，予以確保即爲檢驗的功能。所謂檢驗被定義爲「針對物品或服務的一個以上的特性值，進行測量、檢驗、檢定、調整量規等，與規定要求事項比較，判定是否合適的活動」。

檢驗有針對每一個物品判定是否合適的情形，以及針對物品的批判定是否合適的情形。

■ 依據實施時點將檢驗分類

檢驗依在哪一個時點，何種目的實施，可以分成以下 3 種。

①驗收檢驗

②中間檢驗

③最終檢驗

驗收檢驗是爲了判定所購買的原料、材料、原料的品質是否按照要求交貨而實施的檢驗。

中間檢驗是在工程的各階段所進行的檢驗，判定是否可以進入工程而實施的檢驗。

最終檢驗是針對完成品實施的檢驗，判定可否出貨，可否交貨給顧客而實施的檢驗。

1.基本事項

■ 依判定的方式將檢驗分類

檢驗依合格與否的判定方法，也可分成如下 3 種。

①計數檢驗

②計量檢驗

③官能檢驗

調查物品的特性，區分爲良品（適合品）與不良品（不適合品），依不良的件數，判定批的合格與否之檢驗稱爲計數檢驗。測量長度、重量等，依測量值的平均值判定批之合格與否稱爲計量檢驗。另外，以人類的感官檢驗口味、顏色、氣味等之方法稱爲官能檢驗。

■ 依實施方式將檢驗分類

檢驗取決於是否全部調查所製造之物品或只調查一部分之物品，可以分成如下 2 種。

①全數檢驗

②抽樣檢驗

調查所有物品之檢驗方式即爲全數檢驗。從物品全體中抽取一部分來調查的檢驗方式即爲抽樣檢驗，被抽出之物品集合稱爲樣本。

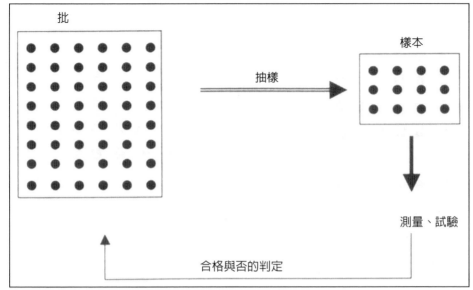

〈抽樣檢驗的概念圖〉

　　■ 抽樣檢驗的種類
　　抽樣檢驗依檢驗方式的設計想法，可大略分為 3 種。
①規準型抽樣檢驗
②選別型抽樣檢驗
③調整型抽樣檢驗
　　站在保護賣方（出產者）與買方（消費者）雙方之立場所設定的檢驗方式稱為規準型，被判定不合格的批使之能進行全數選別那樣所設定之檢驗方式稱為選別型，依品質的水準，分別使用「加嚴檢驗」、「正常檢驗」、「減量檢驗」的檢驗方式稱為調整型。

2. 想想看
　　■ 計數一次抽樣檢驗
　　從批中一次抽取樣本，以某種的方式測量或試驗該樣本後，區分為良品或不良品，依樣本中的不良品個數判定批之合格或不合格的檢驗方式稱為計數一次抽樣檢驗。此時，判定批的合格或不合格的基準稱為合格判定數，以記號 c 表示。
　　計數一次抽樣檢驗通常以如下來表現。
批的大小　　　　$N = 3000$
樣本的大小　　　$n = 50$
合格判定個數　　$c = 3$
　　批內物品的個數稱為批的大小，從批中抽取的樣本所含的物品個數稱為樣本的大小。因此，從 3000 個物品中抽取 50 個物品，如果 50 個中的不良數是 3 個以下時，批內 3000 個物品全部視為合格，如果 4 個以上時，即視為不合格的檢驗方式。

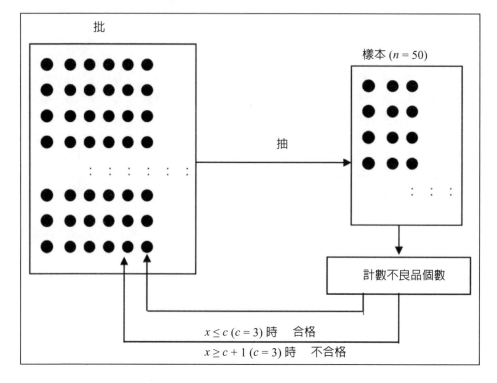

■ 不良數的分配（超幾何分配）

假設有一批的不良率是 20%。此批的大小當作 1000。因為不良率是 20%，所以 1000 個物品中即有 200 個不良品。從此批抽樣 30 個物品檢驗後，30 個之中的不良品數會是多少呢？以直覺來看，從 30×0.2 的計算，可以想成是 6 個，但不一定是 6 個。6 個的可能性雖然可以說最高，但實際上也有可能是 1 個。並且，30 個全部為不良品的情形也有可能。亦即，有可能出現 0 到 30 個之間之值。因此，依不良數是 0 個之機率，1 個的機率，2 個的機率，⋯⋯依序求出機率，再以圖形表現其形狀。

不良品為 x 個之機率 $P(x)$，可如下計算，其中批的不良率設為 p，批的大小設為 N，樣本大小設為 n 時，

$$P(x) = \frac{{}_{Np}C_x \times {}_{N-Np}C_{n-x}}{{}_{N}C_n}$$

機率以此種式子設定的分配稱為超幾何分配。

在 EXCEL 中可以使用 HYPGEOMDIST 來計算。

此函數的格式如下。

= HYPGEOMDIST (x, n, Np, N)

利用此函數，試製作 $p = 0.2, N = 3000, n = 30$ 的超幾何分配的長條圖看看。

	F2		▼		f_x	=HYPGEOMDIST(E2,C2,D2,B2)	
	A	B	C	D	E	F	G
1	p	N		n	Np	x	P
2	0.2	3000		30	600	0	0.001193547
3	0.2	3000		30	600	1	0.009061087
4	0.2	3000		30	600	2	0.033178782
5	0.2	3000		30	600	3	0.078037018
6	0.2	3000		30	600	4	0.132464058
7	0.2	3000		30	600	5	0.172855835
8	0.2	3000		30	600	6	0.18036129
9	0.2	3000		30	600	7	0.154530353
10	0.2	3000		30	600	8	0.110788451
11	0.2	3000		30	600	9	0.067391004
12	0.2	3000		30	600	10	0.035142426
13	0.2	3000		30	600	11	0.015832944
14	0.2	3000		30	600	12	0.006198799
15	0.2	3000		30	600	13	0.002117825
16	0.2	3000		30	600	14	0.000633203
17	0.2	3000		30	600	15	0.000165951
18	0.2	3000		30	600	16	3.8145E-05
19	0.2	3000		30	600	17	7.68559E-06
20	0.2	3000		30	600	18	1.35513E-06
21	0.2	3000		30	600	19	2.08505E-07
22	0.2	3000		30	600	20	2.78777E-08
23	0.2	3000		30	600	21	3.22023E-09
24	0.2	3000		30	600	22	3.18877E-10
25	0.2	3000		30	600	23	2.67899E-11
26	0.2	3000		30	600	24	1.88326E-12
27	0.2	3000		30	600	25	1.08702E-13
28	0.2	3000		30	600	26	5.01667E-15
29	0.2	3000		30	600	27	0
30	0.2	3000		30	600	28	0
31	0.2	3000		30	600	29	0
32	0.2	3000		30	600	30	0

〔方格的內容〕

A2；0.2　B2；3000　C2；30　D2；=A2*B2

F2；=HYPGEOMDIST (E2, C2, D2, B2)

（從 A3 到 D32 複製 A2 到 D2，從 F3 到 F32 複製 F2）。

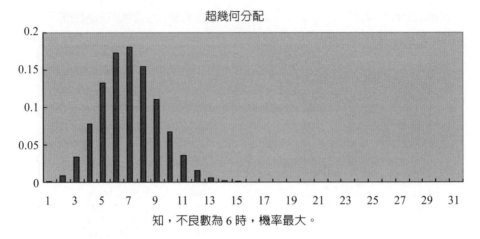

超幾何分配

知，不良數為 6 時，機率最大。

■ 不良數的分配（二項分配）

在 $N/n \geq 10$ 時，超幾何分配可以近似二項分配。一般說來，超幾何分配的計算麻煩，因之可以利用二項分配。從不良率 p 的批中抽樣 n 個物品時，不良品數為 x 個的機率 $P(x)$。

$$P(x) = {}_n C_x p^x (1-p)^{n-x}$$

以上式所設定的分配稱為二項分配。

EXCEL 是可以使用函數 BINOMDIST 來計算。此函數的格式如下。

　　=BINOMDIST $(x, n, p, 0)$

最後的引數的地方從 0 變成 1 時，

　　=BINOMDIST $(x, n, p, 1)$

即可計算不良數在 x 以下的機率。

〔方格的內容〕

D2;=BINOMDIST $(C2, B2, A2, 0)$

（從 D3 到 D32 複製 D2）

	A	B	C	D
1	p	n	x	P
2	0.2	30	0	0.00123794
3	0.2	30	1	0.00928455
4	0.2	30	2	0.033656495
5	0.2	30	3	0.078531821
6	0.2	30	4	0.132522448
7	0.2	30	5	0.172279183
8	0.2	30	6	0.179457482
9	0.2	30	7	0.153820699
10	0.2	30	8	0.110558627
11	0.2	30	9	0.067563606
12	0.2	30	10	0.035470893
13	0.2	30	11	0.016123133
14	0.2	30	12	0.006382074
15	0.2	30	13	0.002209179
16	0.2	30	14	0.000670644
17	0.2	30	15	0.000178838
18	0.2	30	16	4.19152E-05
19	0.2	30	17	8.62961E-06
20	0.2	30	18	1.55812E-06
21	0.2	30	19	2.46019E-07
22	0.2	30	20	3.38277E-08
23	0.2	30	21	4.0271E-09
24	0.2	30	22	4.11863E-10
25	0.2	30	23	3.58142E-11
26	0.2	30	24	2.61145E-12
27	0.2	30	25	1.56687E-13
28	0.2	30	26	7.53303E-15
29	0.2	30	27	2.79001E-16
30	0.2	30	28	7.47324E-18
31	0.2	30	29	1.28849E-19
32	0.2	30	30	1.07374E-21

可以確認幾乎與超幾何分配形成相同的形狀。

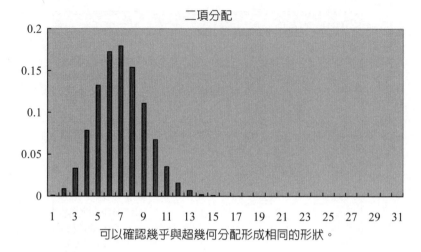

可以確認幾乎與超幾何分配形成相同的形狀。

3. 略為詳細說明

■ 檢驗中合格的機率

被提出不良率 $p = 10\%$ 的批時，假定以樣本大小 $n = 30$，合格判定個數 $c = 2$ 的抽樣檢驗方式實施檢驗。此時，所提出的批為合格之機率 $L(p)$，可以利用如下的計算求出。

批合格的機率 $L(p) =$（不良品是 0 個之機率）

$+$（不良品是 1 個之機率）

$+$（不良品是 2 個之機率）

使用二項分配之式子表現此時，即為

$$L(p) = \sum_{x=0}^{c} {}_nC_x\, p^x (1-p)^{n-x}$$

此計算，在 EXCEL 中可以利用函數 BINOMDIST 來計算。

格式為

=BINOMDIST(c,n,p,1)

〔方格的內容〕

C4 ; = BINOMDIST(C3,C2,C1,1)

不良率 10% 的批合格之機率，大約是 41%。

	A	B	C	D
1	不良率	p	0.1	
2	樣本大小	n	30	
3	合格判定數	c	2	
4	合格機率	L(p)	0.4113512	
5				

■ OC 曲線的作法

決定好樣本的大小 n 與合格判定個數 c，橫軸取成批的不良率，縱軸取成批的合格機率製作圖形時，即可得出 1 條曲線，此曲線稱為 OC 曲線。

利用 OC 曲線可以檢討何種程度的不良率的批，會有多少的機率是合格的。

問 題

試對 $n=30, c=3$ 的抽樣檢驗方式製作 OC 曲線。

以 EXCEL 執行如下：

〔**方格的內容**〕

· 於 B1 輸入樣本的大小 30，於 B2 輸入合格判定個數 3。

· 以 0.01 的刻度將不良率 p 之值從 0.01 到 0.3（30 點左右即可繪製），輸入於方格 C2 倒 C31 中。

· 於 D2 輸入 =BINOMDIST(B2, B1,C2,1)

· 然後從 D3 到 D31 複製 D2。

· 以散佈圖表現 C 行與 D 行的數據時，即可作成如下的 OC 曲線。

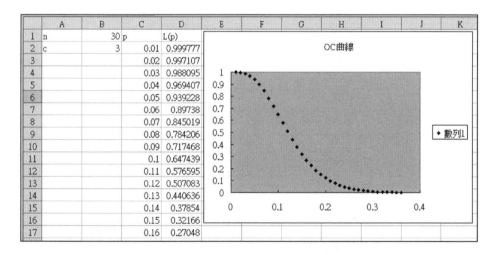

	A	B	C	D	E	F	G	H	I	J	K
1	n		30	p	L(p)						
2	c		3	0.01	0.999777			OC曲線			
3				0.02	0.997107						
4				0.03	0.988095						
5				0.04	0.969407						
6				0.05	0.939228						
7				0.06	0.89738						
8				0.07	0.845019						
9				0.08	0.784206						
10				0.09	0.717468						
11				0.1	0.647439						
12				0.11	0.576595						
13				0.12	0.507083						
14				0.13	0.440636						
15				0.14	0.37854						
16				0.15	0.32166						
17				0.16	0.27048						

3-7 計數規準型抽樣檢驗

■ 計數規準型抽樣檢驗

計數規準型抽樣檢驗，是針對買方與賣方設計保護的規定，爲滿足雙方的要求所設計的抽樣檢驗方式。對賣方的保護是指將良批視爲不合格之機率設定爲 α（小值）。另外，對買方的保護是指不良批視爲合格之機率設定爲 β（小值）。α 稱爲生產者風險，β 稱爲消費者風險。

計數規準型抽樣檢驗，是良批的不良率設爲 p_0，不良批的不良率設爲 p_1 時，先決定好 α 與 β 之值，再決定 n 與 c，具體而言是求解以下的聯立方程式。

$$L(p_0) = 1 - \alpha = \sum_{x=0}^{c} nC_x p^x (1-p_0)^{n-x} \; ; \; L(p_1) = 1 - \beta = \sum_{x=0}^{c} nC_x p^x (1-p_1)^{n-x}$$

以下的 JISZ9002 是規定 $\alpha = 0.05$，$\beta = 0.1$ 後決定 n 與 c。

問 題

1. 爲 $p_o = 0.03 = 3\%$，$p_1 = 0.15 = 15\%$ 時，使用 JISZ9002 之表，決定 n 與 c。
2. 對此抽樣檢驗方式製作 OC 曲線，確認 α 與 β。

■ JISZ9002

使用 JISZ9002 的表，即可簡單決定 n 與 c。JISZ9002 之表於下頁當作「JISZ9002 計數規準型一次抽樣檢驗表」揭載。

說明此表的用途。找出包含 p_o 之值 3% 之列 2.81～3.55 與包含 p_1 之值 15% 的列 14.1～18.0 的相交處，得出 $n = 40$，$c = 3$。

在相交欄中當有箭線（↑、↓、←、→）時，依據該箭號前進，碰到記載有 n 與 c 之最初欄時，查出 n 與 c 之值。

註：相交欄中當有＊記號時，利用右下的「抽驗檢驗設計輔助表」。相交欄如爲空欄時，抽樣檢驗方式不存在。

抽樣檢驗輔助表

p_1/p_0	c	n
17 以上	0	$2.56/p_0 + 115/p_1$
16~7.9	1	$17.8/p_0 + 194/p_1$
7.8~5.6	2	$40.9/p_0 + 266/p_1$
5.5~4.4	3	$68.3/p_0 + 334/p_1$
4.3~3.6	4	$98.5/p_0 + 400/p_1$
3.5~2.8	6	$164/p_0 + 527/p_1$
2.7~2.3	10	$308/p_0 + 770/p_1$
2.2~2.0	15	$502/p_0 + 1065/p_1$
1.99~1.86	20	$704/p_0 + 1350/p_1$

$p_1(\%)$ \ $p_0(\%)$	0.71~0.90	0.91~1.12	1.13~1.40	1.41~1.80	1.81~2.24	2.25~2.80	2.81~3.55	3.56~4.50	4.51~5.60	5.61~7.10	7.11~9.00	9.01~11.2	11.3~14.0	14.1~18.0	18.1~22.4	22.5~28.0	28.1~35.5
0.090~0.112	*	400 1	→	↓	→	↑	60 0	50 0	↓	→	→	↓	→	→	→	→	→
0.113~0.140	*	500 2	300 1	→	↓	→	→	↑	40 0	↓	→	→	↓	↓	→	→	→
0.141~0.180	*	→	400 2	250 1	→	↓	120 1	↓	←	30 0	↓	→	→	→	↓	→	→
0.181~0.224	*	→	500 3	300 2	200 1	→	→	100 1	↑	↑	25 0	↓	↓	→	→	→	→
0.225~0.280	*	*	*	400 3	250 2	150 1	150 2	120 2	↓	↓	↑	20 0	15 0	↓	→	↓	→
0.281~0.355	*	*	*	500 4	300 3	200 2	200 3	150 3	80 1	60 1	→	←	←	15 0	↓	→	↓
0.356~0.450	*	*	*	*	400 4	250 3	250 4	200 4	100 2	80 2	↓	↑	→	↑	→	→	→
0.451~0.560	*	*	*	*	500 6	300 4	300 6	250 6	120 3	100 3	50 1	↓	→	←	10 0	↓	→
0.561~0.710	*	*			*	400 6	500 10	400 10	150 4	120 4	→	40 1	↓	↓	←	7 0	↓
0.711~0.900	*	*				*	*	*	200 6	150 6	60 2	→	30 1	→	↑	←	5 0
0.901~1.12	*	*							300 10	250 10	80 3	50 2	→	25 1	→	←	←
1.13~1.40									*	*	100 4	60 3	40 2	→	↓	→	←
1.41~1.80									*	*	120 6	70 4	50 3	30 2	20 1	↓	→
1.81~2.24									*	*	200 10	100 6	60 4	40 3	→	15 1	↓
2.25~2.80										*	*	150 10	80 6	50 4	25 2	→	10 1
2.81~3.55											*	*	120 10	60 6	30 3	20 2	15 2
3.56~4.50											*	*	*	100 10	40 4	25 3	20 3
4.51~5.60											*	*	*	*	50 6	30 4	25 4
5.61~7.10												*	*	*	70 10	40 6	30 6
7.11~9.00												*	*	*	*		
9.01~11.2												*	*	*	*	60 10	

3-8 隨機性檢定或連檢定

如資料的出現不具有隨機性,則連數少,長度長,或連數多,長度短,亦即連數過多或過少都不是出現隨機性應具有之現象,故當連數太多或太少,就應拒絕 H_0:資料的出現具隨機性。

1.基本事項

首先將樣本資料分成兩個互斥類別,大於中位數的個數以 $n_1 = n_+$,表示,小於中位數的個數以 $n_2 = n_-$ 表示,其相鄰符號相同者為一連(Run),計算其連數 R。

①當互斥兩類個數 n_1 與 n_2,皆小於 20,可查附表得 R_L 及 R_U,如果 R 介於 R_1 與 R_U 之間,則接受 H_0。

②在實用上,當 n_1 或 n_2 大於或等於 20,則 R 統計量近於常態分配,其平均數與變異數分別為

$$E(R) = \frac{2n_1 n_2}{n_1 + n_2} + 1 \quad \left(若 n_1 = n_2 = \frac{N}{2},\ E(R) = 1 + \frac{N}{2} \right)$$

$$V(R) = \frac{2n_1 n_2 (2n_1 n_2 - n_1 - n_2)}{(n_1 + n_2)^2 (n_1 + n_2 - 1)}$$

$$\left(若 n_1 = n_2 = \frac{N}{2},\ V(R) = \frac{N(N-2)}{4(N-1)} \right)$$

$$\therefore Z = \frac{R - E(R)}{V(R)} \sim N(0,\ 1)$$

假設建立如下:

(雙尾) $\begin{cases} H_0:樣本觀測值的出現是隨機的 \\ H_1:樣本觀測值的出現不是隨機的 \end{cases}$

(左尾) $\begin{cases} H_0:樣本觀測值的出現是隨機的 \\ H_1:樣本觀測值的出現是持續上升(或下降) \end{cases}$

(右尾) $\begin{cases} H_0:樣本觀測值的出現是隨機的 \\ H_1:樣本觀測值的出現是一上一下跳動 \end{cases}$

2.想想看

在一條裝配線上連續檢查 16 件產品,測得每件產品的重量(kg)為如下:

54.3	57.3	50.2	50.3	51.5	51.8	57.8	52.4
51.3	52.7	58.6	56.1	51.3	50.7	50.6	50.8

試以 $\alpha = 0.05$ 檢定樣本的出現是否隨機?亦即整個生產程序是否有問題?

H_0：生產程序無問題
H_1：生產程序有問題
中位數 $M_d = 51.65$
大於中位數者以 + 表示，其個數以 n_+ 表示；
小於中位數者以 – 表示，其個數以 n_- 表示。

54.3	57.3	50.2	50.3	51.5	51.8	57.8	52.4	51.3
+	+	–	–	–	+	+	+	–
52.7	58.6	56.1	51.3	50.7	50.6	50.8		
–	+	+	–	–	–	–		

$n_1 = n_+ = 8$
$n_2 = n_- = 8$
$R = 6$
當 $\alpha = 0.05$，查附表得 $R_L = 4$，$R_U = 14$
R 在接受區內，故接受 H_0，
表示樣本可能是隨機出現，亦即製造程序可能無問題。

3. 略為詳細說明

問題 1

將某連續生產程序中所生產之產品，區分為良品（G）與不良品（D），茲將其所
生產之結果列於下：

$$GGGGGGDGGGDDGGGGGDDDGDDDD$$
$$GGDDDGGGDDDGDDDD$$

試以 $\alpha = 0.05$，利用連檢定法檢定此序列是否具有隨機性？

(1) H_0：生產過程為隨機
(2) H_1：生產過程非隨機
(3) $\alpha = 0.05$
(4) 否定域 $C = \{Z \mid Z < -1.96 \text{或} Z > 1.96\}$
(5) 計算：$\because n_1 = 20$，$n_2 = 20$ 且 $R = 14$

$$又 E(R) = \frac{2n_1 \cdot n_2}{n_1 + n_2} + 1 = 21$$

$$V(R) = \frac{2n_1 n_2 (2n_1 n_2 - n_1 - n_2)}{(n_1 + n_2)^2 (n_1 + n_2 - 1)} = 9.23$$

$$\therefore Z = \frac{R - E(R)}{\sqrt{V(R)}} = \frac{14 - 21}{\sqrt{9.23}} = -2.3102，此值落入否定域中。$$

(6) 結論：拒絕 H_0；亦即此生產過程不具有隨機性。

問題 2

在迴歸過程中，經計算殘差值 e_i 後，發現其正、負號分別爲

+	+	+	+	+	−	−	−	+	+	−	−	−	+	−	−	−	+
−	+	−	+	+	−	+	+	+	−	−	−	+	−	−	+	−
−	+	+	−	−	+	−	+	+	−	−	+	−	−	+	−	−

試以連檢定（Run test）法取 $\alpha = 0.05$ 檢定資料是否具有隨機性？

(1) H_0：資料具有隨機性

(2) H_1：資料不具有隨機性

(3) $\alpha = 0.05$

(4) 否定域 $C = \{Z \mid Z < -1.96 或 Z > 1.96\}$

(5) 計算：$\because n_1 = 24$，$n_2 = 26$

$$\therefore E(R) = \frac{2n_1 n_2}{n_1 + n_2} + 1 = \frac{2 \times 24 \times 26}{24 + 26} + 1 = 25.96$$

$$V(R) = \frac{2n_1 n_2 (2n_1 n_2 - n_1 - n_2)}{(n_1 + n_2)^2 (n_1 + n_2 - 1)}$$

$$= \frac{2 \times 24 \times 26 (2 \times 24 \times 26 - 24 - 26)}{(24 + 26)^2 (24 + 26 - 1)}$$

$$= 12.205$$

又 $R = 32$

$$\therefore Z = \frac{R - E(R)}{\sqrt{V(R)}} = \frac{32 - 25.96}{\sqrt{12.205}} = 1.7289，此值不落入否定域中。$$

(6) 結論：不否定 H_0。

知識補充站

統計品管學家小傳：哥塞特

　　哥塞特（William Sealey Gosset）出生於英國肯特郡坎特伯雷市，求學於曼徹斯特學院和牛津大學，主要學習化學和數學。1899 年，哥塞特進入都柏林的 A. 吉尼斯父子釀酒廠，在那裡可得到一大堆有關釀造方法、原料（大麥等）特性和成品品質之間的關係的統計數據。提高大麥品質的重要性最終促使他研究農田試驗計劃，並於 1904 年寫成第一篇報告〈誤差法則應用〉。

　　哥塞特是英國現代統計方法發展的先驅，由他導出的統計學 T 檢定廣泛運用於小樣本平均數之間的差別測試。他曾在倫敦大學皮爾遜生物統計學驗室從事研究，對統計理論的最顯著貢獻是論文〈平均數的機誤〉。這篇論文闡明，如果是小樣本，那麼平均數比例對其標準誤差的分配不遵循常態曲線。由於吉尼斯釀酒廠的規定禁止哥塞特發表關於釀酒過程變化性的研究成果，因此哥塞特不得不於 1908 年，哥塞特首次以「學生」（Student）為筆名，在《生物計量學》雜誌上發表了〈平均數的機率誤差〉。哥塞特在文章中使用 Z 統計量來檢定常態分配母體的平均數。由於這篇文章提供了「學生 T 檢定」的基礎，為此，許多統計學家把 1908 年看作是統計推斷理論發展史上的里程碑。後來，哥塞特又連續發表了〈相關係數的機率誤差〉、〈非隨機抽樣的樣本平均數分配〉、〈從無限總體隨機抽樣平均數的機率估算表〉等。他在這些論文中，第一，比較了平均誤差與標準誤差的兩種計算方法；第二，研究了波瓦松分配應用中的樣本誤差問題；第三，建立了相關係數的抽樣分配；第四，導入了「學生」分配，即 t 分配。這些論文的完成，為「小樣本理論」奠定了基礎；同時，也為以後的樣本資料的統計分析與解釋開創了一條嶄新的路子。由於哥塞特開創的理論使統計學開始由大樣本向小樣本、由描述向推斷發展，因此，有人把哥塞特推崇為推斷統計學的先驅者。

　　哥塞特在 20 世紀前三十餘年是統計界的活躍人物，他的成就不限於《平均數的機誤》，同年他發表了在總體相關係數為 0 時，二元常態樣本相關係數的精確分配，這是關於常態樣本相關係數的第 1 個小樣本結論。

　　他對迴歸和實驗設計方面也有相當的研究，在與費雪的通信中時常討論到這些問題。費雪很尊重他的意見，常把自己工作的抽印本送給哥塞特請他指教，在當時，能受到費雪如此看待的學者為數不多。

　　哥塞特的一些思想，對他日後與尼曼合作建立其假設檢定理論有著啟發性的影響，他說：「現在統計學界中有非常多的成就都應歸功於哥塞特。」

3-9 傾向性檢定

當考察測量值是否隨著時間而有上升或下降的傾向時所使用。此處，說明依測量值的大小順位檢定傾向性的方法。

1.基本事項

假設可分為如下 3 種：

①雙尾檢定

H_0：無上升或下降的傾向

H_1：有上升或下降的傾向

②左尾檢定

H_1：無上升傾向

H_1：有上升傾向

③右尾檢定

H_1：有下降傾向

H_1：無下降傾向

檢定方法如下：依一定的順序基準所測量而得的測量值序列設為

$$x_1, x_2, x_3, \cdots, x_n$$

將這些測量值按由小而大的順序設定順位，其位表示如下：

$$T_1, T_2, T_3, \cdots, T_n$$

亦即 T_i 是表示第 i 個測量值 x_i 的順位分數（如存在同順位時，使用中間順位，再應用上述方法。譬如，第 2 位與第 3 位同順位時，將兩者分別當作第 2.5 位）。

檢定統計量 D 如下規定

$$D = (T_1 - 1)^2 + (T_2 - 2)^2 + \cdots + (T_n - n)^2$$
$$= \frac{1}{3}n(n+1)(2n+2) - 2\sum iT_i$$

當測量值具有完全的上升傾向時，D 取最小值 0，反之具有完全下降傾向時，D 取最大值。

當數據數 n 十分大時，在 H_0 為真下，下述 Z 近似常態分配。

$$E = \frac{n^3 - n}{6}$$
$$V = \frac{n^2(n+1)^2(n-1)}{36}$$
$$Z = \frac{D - E}{\sqrt{V}}$$

①雙尾檢定時：如$|Z| \geq Z_{\alpha/2}$時，否定 H_0。
②左尾檢定時：如$Z < -Z_\alpha$時，否定 H_0。
③右尾檢定時：如$Z > Z_\alpha$時，否定 H_0。

2. 想想看

以下的數據是爲了觀察某作業的練習效果，進行 21 次練習，以 100 分爲滿分，所計分的結果如下：

18	16	19	34	28	23	38	80	46	42	53
72	69	61	55	90	98	94	78	85	96	

就以 $\alpha = 0.05$，檢定是否沒有上升或下降的傾向。

就上述數據序列按由小而大設定順位。

x_i	18	16	19	34	28	23	38	80	46	42	53
T_i	2	1	3	6	5	4	7	16	9	8	10
x_i	72	69	61	55	90	98	94	78	85	96	
T_i	14	13	12	11	18	21	19	15	17	20	

計算統計量 D

$$D = (2-1)^2 + (1-2)^2 + \cdots + (20-21)^2 = 150$$

$$E = \frac{21^3 - 21}{6} = 1540$$

$$V = \frac{21^2 \times 22^2 \times 20}{36} = 150$$

$$Z = \frac{150 - 1540}{\sqrt{118,580}} = -4.04$$

因此，否定 H_0。

亦即，此數據序一列有上升或下降的傾向。

3. 略爲詳細說明

管制圖常把製程品質變異的原因，分爲機遇原因與非機遇原因兩種。其中非機遇原因是製程分析中需要特別注意，且必須採取行動的，而機遇原因通常是自然現象，並不需要特別處理。

機遇原因所造成的品質變異，在生產過程中是不可避免的。同一作業員在相同的操作條件下，製造出來的成品可能有些許差異，同樣情形也可能發生在同一部機器、同一種材料上，這種差異只能歸諸自然現象。若製程只出現由機遇原因產生的變異，則

這製程可視為呈現穩定的正常狀態。

　　非機遇原因是製程受到一些特殊因素的影響，包括機具設定失當、操作失誤或材料不佳，這類變異通常可在追查出原因後採取對策予以排除。追查非機遇原因可由 5M 來分析：Man—是否是人為疏失；Machine—機器是否未保養；Material—材料是否已變化；Method—操作方法是否不當；Measurement—量測工具是否失準。非機遇原因所造成的品質變異通常較大且較明顯，因此製程若出現非機遇原因的變異，表示這製程呈現不穩定的異常狀態。

問題 1

品管人員如何藉由管制圖中樣本點的分布是否出現下列異常現象，來研判製程品質是否出現異常變異的風險呢？

　　逸出管制上下限：一般而言，若有一點逸出管制界限外，就可判定製程出現異常。

　　連串傾向與趨勢：連續有 7 點（含）以上，出現在中心線的上方或下方，就構成連串（run）。連續有 7 點（含）以上，呈一路上升或下降的趨勢。

　　上述兩種被判定為異常現象的機率都很小，例如發生在中心線上方的機率與發生在中心線下方的機率都是 $(1/2)7 \doteqdot 0.78\%$，統計學稱這種機率是型 I 誤差（α），即製程正常而被判為異常的誤警機率。

　　管制圖判異準則的制訂，正是統計學中「假設檢定」的應用，統計方法是強調證據的科學，在沒有充分證據支持的情況下，通常以無罪推定論，認為製程呈穩定狀態，若有充分的證據支持，則可以推翻虛無假設而承認對立假設。據此，我們有 99.22% 的信心可判定製程確已產生異常變動。

知識補充站

統計品管學家小傳：修哈特

　　管制圖由貝爾實驗室的修哈特（Walter A. Shewhart）在 1920 年間發明。公司的工程師設法要提高電話傳輸系統的可靠性，因為放大器和其他設備必須埋在地下，需要減少失敗和檢修的比率。在 1920 年，工程師已經發現，減少生產流程變異的重要性，同時，他們意識到針對不合格產品的持續性流程調整反而增加了變異，降低了品質。修哈特根據系統和特殊原因把問題分類，1924 年，他寫了一份內部備忘錄，也介紹如何利用管制圖來區分系統般原因及特殊原因。修哈特的上級 George Edwards 回憶說：「修哈特博士寫了一份簡短的備忘錄，一頁長，其中的三分之一是一個簡單的圖，也就是現在稱作管制圖的圖表。這個圖和簡單的文字產生了所有今日稱作流程品質管制的重要原理和思想。」修哈特強調把生產流程納入統計製程管制（其中只有系統原因的變異，並將其進行管制）對於預測未來產量及有效管理流程的重要性。

　　修哈特博士創造了管制圖的基礎和統計學管制狀態的概念，還從單純數學統計學理論中，了解了實際流程產生的資料一般會呈現「常態分布曲線」（高斯分布，一般也稱為「鐘型曲線」）。他發現透過觀察生產資料的變數，不會永遠和自然的數據有類似特性（粒子的布朗運動）。修哈特博士得出結論，每個流程都有變數，流程中有些的變數可控，屬於流程自然現象，其他變數不可控，但不一定出現在流程因果系統中。

　　約在 1924 年左右，修哈特的發現引起了愛德華茲‧戴明的注意，戴明後來在美國農業部工作，也是美國統計局的數學顧問。在未來半個世紀，戴明一直宣導修哈特提出的管制圖，在二戰日本戰敗後，戴明成為聯軍最高統帥部的統計學顧問，開始長期在日本工作，傳播修哈特的思想，統計圖開始廣泛應用於日本的生產工業中。

3-10 相關係數檢定

相關係數是無法提供因果關係的。相關分析並無法直接做出因果推論，因果推論必須要符合變數的獨立性、時序性及相關性，通常也需要參考文獻的邏輯推導過程，單純由相關分析是不足以直接斷定變數之間的因果關係的。譬如，酒精濃度與交通事故有高的相關係數，但是不能得到結論是相互影響。因為交通事故的原因，包括道路狀況、駕駛員技術、駕駛身體其他疾病、有無服用藥物等。

皮爾森（Pearson）相關係數是數據本身為數值性數據（Numerical Data）之情況下使用，而且兩個變數有線性相關。此相關性由散佈圖可加以觀察。如果兩者無線性關係，相關係數之計算即沒有意義。

皮爾森相關分析用於探討兩連續變數 (X, Y) 之間的線性相關，若兩變數之間的相關係數絕對值較大，則表示彼此相互共變的程度較大。一般而言，若兩變數之間為正相關，則當 X 提升時，Y 也會隨之提升；反之，若兩變數之間為負相關，則當 X 提升時，Y 會隨之下降。

Pearson's 相關係數公式為

$$r(x, y) = \frac{\sum_{i=1}^{n}(x_i - \bar{x})(y_i - \bar{y})}{\sqrt{\sum_{i=1}^{n}(x_i - \bar{x})^2}\sqrt{\sum_{i=1}^{n}(y_i - \bar{y})^2}}$$

Pearson's 係數以 r 表示，其數值範圍為 –1 至 1.0。$r = \pm 1$，$r = 0$ 代表無線性相關。

樣本相關係數 r_{XY} 是母體相關係數的點估計式，以 ρ_{XY} 代表母體相關係數，則可進行下述的假設檢定：

$$H_0 : \rho_{XY} = 0$$
$$H_1 : \rho_{XY} \neq 0$$

統計結果證明，若 H_0 為真，則

$$\gamma_{XY}\sqrt{\frac{n-2}{1-\gamma_{XY}^2}}$$

的值為自由度為 $n-2$ 的 t 分配。

兩變數 X 與 Y 的母體分配未知，則兩變數間的相關不能用一般有母數統計方法，只能求等級（或稱順位）相關係數，其中最常用的是 Spearman 等級相關係數（Rank Correlation Coefficient）。在三種情況下使用 Spearman's 係數。Spearman's 係數有時稱為等級相關（Rank Correlation）係數。

1. 數據本身為順序尺度（Ordinal Scale），
2. 數據非常態分配，
3. 數據有偏離值（Outliers）存在。

數據數目大小於 35，使用 Pearson's 係數才有其意義。Spearman's 係數則不受數目限制。

1. 基本事項

Spearman's 係數其計算公式為

$$r_s = 1 - \frac{6\sum d^2}{n(n^2 - 1)}$$

式中 $d = X_r - Y_r$，$X_r(Y_r)$ 為 $X(Y)$ 觀測值的等級，n 為 X, Y 的對數。
由等級相關係數 r_s 可進一步檢定母數 ρ_s 是否為 0。

· 當 $10 \le n \le 30$ 的檢定統計量為

$$t = r_s \sqrt{\frac{n-2}{1 - r_s^2}}$$

$v = n - 2$，當 $|t| > t_{\alpha/2}(v)$ 時，拒絕 H_0: $\rho_s = 0$。

· 當 $n > 30$ 時，r_s 的分配近似 $N(0, 1/\sqrt{n-1})$。檢定統計量為

$$Z = \frac{r_s}{\sqrt{n-1}}$$

2. 想想看

Spearman's 係數的公式說明如下：

因 X, Y 兩變數之等級數列 X_r, Y_r 的平均數 $\overline{X}_r, \overline{Y}_r$ 相等，即 $\overline{X}_r = \overline{Y}_r = \frac{n+1}{2}$，

$\therefore d = X_r - Y_r = (X_r - \overline{X}_r) - (Y_r - \overline{Y}_r)$

令 $x = X_r - \overline{X}_r$，$y = Y_r - \overline{Y}_r$，得 $\sum d^2 = \sum(x - y)^2 = \sum x^2 - 2\sum xy + \sum y^2$

根據等差級數知

$\sum X_r^2 = \sum Y_r^2 = \frac{n(n+1)(2n+1)}{6}$

$\sum x^2 = \sum(X_r - \overline{X}_r)^2 = \sum X_r^2 - n\overline{X}_r^2$

$\quad\quad = \frac{n(n+1)(2n+1)}{6} - n\left(\frac{n+1}{2}\right)^2 = \frac{n^3 - n}{12} = \sum y^2$

$\sum xy = \frac{1}{2}\left(\frac{n^3 - n}{6} - \sum d^2\right)(\because 2\sum xy = \sum x^2 + \sum y^2 - \sum d^2)$

故 $r_s = \frac{\sum xy}{\sqrt{\sum x^2 \sum y^2}} = \frac{\frac{1}{2}\left(\frac{n^3 - n}{6} - \sum d^2\right)}{\frac{n^3 - n}{12}} = 1 - \frac{6\sum d^2}{n(n^2 - 1)}$

當兩變數的等級順序完全一致時，$r_s = 1$，而當兩變數的等級順序完全相反時，$r_s = -1$，故 $-1 \le r_s \le 1$。因之，可由等級相關係數 r_s 來檢定母數 ρ_s 是否為零。

3. 略為詳細解說

假設我們抽樣 10 人，發現 8 歲體重與 20 歲體重的相關係數 γ 是 0.8，但說不定母體的相關係數 γ 是 0，也有可能因為抽樣誤差，而產生相關係數為 0.8。因此要進行相關係數的假設檢定。

如果我們從 ρ 等於 0 的母體裡，隨機抽樣，計算這個樣本的相關係數 γ，當樣本數很大時（如大於 30），且這兩個變項為雙變項常態分配，樣本相關係數的檢定就可以用 z 檢定。即 $z = \dfrac{r}{\sqrt{1/n}} = \dfrac{0.80}{\sqrt{1/10}} = 2.53$。這個求得的 z 值大於雙尾檢定的臨界值 1.654，和單尾檢定的臨界值 1.96。因此，我們可以說母體的相關係數不是 0。換句話說，8 歲的體重與 20 歲的體重的確有相關。因為樣本數只有 10，嚴格說來並不適用於 z 檢定，而要用以下的 t 檢定，即 $t = \dfrac{r}{\sqrt{\dfrac{1-r^2}{n-2}}} = \dfrac{0.80}{\sqrt{\dfrac{1-0.80^2}{10-2}}} = 3.77$。這個求得的 t 值大於自由度為 8 的 t 分配的雙尾臨界值 2.31，或單尾檢定的臨界值 1.86；因此，我們可以宣稱母體的相關係數不是 0。

問題 1

通常身高很高的人，體重不會太輕，我們如何來衡量這兩個資料間的關係呢？可否由身高來預測體重呢？

設若高三某班 10 位同學身高與體重成績的資料如下表所示：

學號	1	2	3	4	5	6	7	8	9	10
身高 X	168	172	170	166	174	167	169	165	170	168
體重 Y	56	60	57	54	66	57	56	55	59	60

若使用 EXCEL 計算時，先輸入數據如下：

	A	B
1	X	Y
2	168	56
3	172	60
4	170	57
5	166	54
6	174	66
7	167	57
8	169	56
9	165	55
10	170	59
11	168	60

函數引數使用 Pearson。將數據輸入陣列中。再按確定。

得出 PEARSON 相關係數 = 0.847，一般研究者認為，相關係數 0.3 以下為低相關，0.3～0.7 為中等相關，0.7 以上為高度相關，故本結果可推定兩變數之間為高度相關。

問題 2

在一項「農村社區報紙發展潛力的研究」上，隨機抽取台中市西屯區十位居民，得社區意識量數 X 與社區報紙發展潛力 Y 的資料如下：

X	35	41	38	40	64	52	37	51	76	68
Y	25	29	33	26	35	30	20	28	37	36

試：(1) 求算等級相關係數，(2) 以 $\alpha = 0.05$ 檢定 X, Y 是否有相關？

(1)

X	Y	X_r	Y_r	d	d^2
35	25	1	2	−1	1
41	29	5	5	0	0
38	33	3	7	−4	16
40	26	4	3	1	1
64	35	8	8	0	0
52	30	7	6	1	1
37	20	2	1	1	1
51	28	6	4	2	4
76	37	10	10	0	0
68	36	9	9	0	0
和				0	24

$$r_s = 1 - \frac{6(24)}{10(100-1)} = 0.8545$$

(2) $H_0 : \rho_S = 0$

$H_1 : \rho_S \neq 0$

$$t = 0.8545 \sqrt{\frac{10-2}{1-(0.8545)^2}} = 4.653 > t_{0.025}(8) = 2.306$$

差異顯著，故拒絕 H_0，表示 X, Y 間可能有相關。

問題 3

最近某一酒類鑑定在適當的價格範圍內，將紅酒分爲 10 個等級，以下資料爲酒類評鑑員所列的等級及最近每瓶酒之價格：

酒	A	B	C	D	E	F	G	H	I	J
等級	4	7	10	1	2	5	9	8	3	6
價格	5.25	6	7	8.5	8	6.25	5.10	5.4	6.75	7.2

(1) 根據上述資料計算 Spearman 等級相關係數。

(2) 取 $\alpha = 0.05$，以檢定等級與價格有無相關。

(1)

酒	A	B	C	D	E	F	G	H	I	J
U_i (等級)	4	7	10	1	2	5	9	8	3	6
V_i (價格等級)	2	4	7	10	9	5	1	3	6	8
$d_i = U_i - V_i$	2	3	3	-9	-7	0	8	5	-3	-2

$$\therefore r_s = 1 - \frac{6}{n(n^2-1)} \sum_{i=1}^{n} d_i^2$$

$$= 1 - \frac{6}{10(10^2-1)}[2^2 + 3^2 + 3^2 + (-9)^2 + (-7)^2 + 0^2 + 8^2 + 5^2 + (-3)^2 + (-2)^2]$$

$$= -0.5394$$

(2) $H_0 : \rho_S = 0$

$H_1 : \rho_S \neq 0$

$\alpha = 0.05$

否定域 $C = \{t \mid |t| > t_{\alpha/2}(n-2) = 2.306\}$

計算：$t = (-0.5394)\sqrt{\frac{10-2}{1-(0.5394)^2}} = -1.812 > -t_{0.025}(8) = -2.306$

結論：不否定 H_0；亦即表示品質等級與價格之間無相關。

第4章
實驗計畫法

4-1 實驗計畫法

有計畫地收集數據進行調查。

> ・分成要因效果與實驗誤差後再分析（要因分析）
> ・讓因子改變檢討效果（要因分析、對策研擬）
> ・交互作用之檢討（要因分析、對策研擬）
> ・探索最適水準（要因分析、對策研擬）

1.基本事項

像強度或磨耗度等與品質有關者，想提高或想降低其值，具有此種目的之指標稱為特性，特性之值稱為特性值。

目的是使特性成為期望之值，選出原因系的因子（譬如溫度），讓其條件（溫度）改變，再進行實驗，收集特性的數據，稱此為「選出因子、分配水準」。

選出因子、分配水準時，如特性值的變化被認定時，可以說是有效果。但如果是誤差程度的差異時，就不能認為有效果。是否有超出誤差的差異呢？換言之，是否有重現性的差異呢？要製作變異數分析表再檢定。

實驗計畫法有許許多多的手法。

列舉一個因子的實驗稱為一元配置法（One-way ANOVA），同時列舉兩個因子之實驗稱為二元配置法（Two-way ANOVA），同時列舉三個以上的因子的實驗稱為多元配置法（Multi-way ANOVA）。

另外，取決於數據的收集方式、實驗順序的決定方式，可以分類成完全隨機化實驗、亂塊法、分割法等。

此外，為了減少實驗次數，也有使用直交表實驗或稱直交配列表實驗（Orthogonal Array）。

2.想想看

問題 1

為了提高強度，列舉一個因子 A，分配 3 水準。在各個水準下得出 4 個數據，結果如表 1 所示。

為了得出表 1 的數據，可以考慮幾種的實驗方法，有何種的方法呢？

表 1　一元配置的數據形式

A_1	x_{11}	x_{12}	x_{13}	x_{14}
A_2	x_{21}	x_{22}	x_{23}	x_{24}
A_3	x_{31}	x_{32}	x_{33}	x_{34}

(1)在 A_1 水準下只實驗一次，4 次測量強度得出 4 個數據。同樣在 A_2 水準，A_3 水準下各進行 1 次實驗，測量 4 次得出強度的數據。此時的實驗順序如表 2 所示。

表 2　實驗順序（只是測量的重複）

A_1	(1, 2, 3, 4)	實驗 1 次
A_2	(5, 6, 7, 8)	實驗 1 次
A_3	(9, 10, 11, 12)	實驗 1 次

(2)在 A_1 水準下連續進行 4 次實驗，測量各進行 1 次，接著，在 A_2 水準下連續進行 4 次實驗，在 A_3 水準下連續進行 4 次實驗。實驗順序如表 3 所示。

表 3　實驗順序（按水準的順序實驗）

A_1	(1), (2), (3), (4)
A_2	(5), (6), (7), (8)
A_3	(9), (10), (11), (12)

(3)以隨機的順序全部進行 12 次的實驗。實驗順序的一例如表 4 所示。

表 4　實驗順序（按水準的順序實驗）

A_1	(2), (3), (6), (10)
A_2	(1), (5), (9), (11)
A_3	(4), (7), (8), (12)

(4)假定一天只能進行 3 次的實驗。此實驗有可能受氣溫或溼度之影響。因此，隨機地選出 4 天的實驗日，各實驗日以隨機順序對 A_1, A_2, A_3 各實驗 1 次。實驗順序的一例如表 5 所示。

表 5　實驗順序（每日一組實驗）

	第 1 日	第 2 日	第 3 日	第 4 日
A_1	(2),	(4),	(9),	(11)
A_2	(1),	(5),	(8),	(10)
A_3	(3),	(6),	(10),	(12)

問題 2

在問題 1 的解答中所表示的 (1)～(4) 的方法有無問題呢？請想想看。

(1)此情形在各個的水準只實驗一次。儘管 A_1 水準的結果比其他水準的結果好，是否有重現性呢？或者因實驗誤差偶爾好的呢？不得而知。

因測量的重複造成數據的變異，只反映出測量精度小的一面，並未反映實驗誤差。與結果的重現性有關係的是重複實驗時的誤差，因之此實驗方法無法掌握實驗誤差，所以不理想。

(2)按水準的順序進行實驗。原本儘管 A_3 水準與其他的水準並無不同，但隨著到了後半，累積著誤差的要因像「實驗作業變得高明」、「溫度上升」、「機械的狀況變好」等得出良好的數據，若是得出此種情形時又是如何呢？此時，有可能推論出 A_3 水準是好的結果。

從實驗想知道的是，因水準的差異影響原本的實力差，並不想知道誤差的要因系統性重疊之結果造成之影響。

因此，此種實驗的作法並非理想。

(3)此種作法稱為完全隨機化實驗。採行此作法，儘管 (2) 所敘述的系統性誤差是存在的，然而它們的影響卻均等地進入到任一數據中。此種實驗順序的決定方法，是一種理想的作法。

(4)此種作法稱為亂塊法。當可預料因日期的不同而甚大變動時，藉由每日進行一組的實驗，去除因日期的不同造成的影響後，再解析是可行的。

這也是一種理想的作法。

3. 略為詳細解說

同時列舉兩個因子 A 與 B，因子 A 分配 3 水準，因子 B 分配 4 水準，各水準組合進行兩次實驗，數據形式如表 6 所示。

表 6　二元配置法的數據形式

	B_1	B_2	B_3	B_4	平均
A_1	x_{111} x_{112}	x_{121} x_{122}	x_{131} x_{132}	x_{141} x_{142}	$\overline{x}_{A_1}$
A_2	x_{211} x_{212}	x_{221} x_{222}	x_{231} x_{232}	x_{241} x_{242}	$\overline{x}_{A_2}$
A_3	x_{311} x_{312}	x_{321} x_{322}	x_{331} x_{332}	x_{341} x_{342}	$\overline{x}_{A_3}$
平均	$\overline{x}_{B_1}$	$\overline{x}_{B_2}$	$\overline{x}_{B_3}$	$\overline{x}_{B_4}$	$\overline{x}$

實驗次數全部是 $3 \times 4 \times 2 = 24$ 次。將 24 次的實驗順序完全隨機化實施。此種實驗稱爲有重複的二元配置法。

另外，也可考慮將一組 12 種所有的水準組合的實驗進行之後，再進行另一組 12 種的水準組合之實驗。這是利用亂塊法的實驗。

其次，考察同時列舉三個因子 A（3 水準）、B（4 水準）、C（3 水準）的情形。稱此爲三元配置法。將三元配置法以上的情形歸納稱爲多元配置法。此時，水準組合的總數是 $3 \times 4 \times 3 = 36$。各水準組合如實施 2 次實驗，就變成了進行 72 次的實驗。

關於多元配置法有以下兩個困難點。

(1)實驗次數變多。

(2)利用完全隨機化或亂塊法的實驗變得困難。

因此，從 (1) 的觀點來看，有直交表實驗的方便方法。只以一部分的水準組合進行實驗，想以較少的實驗次數獲得資訊的手法。

另外，從 (2) 的觀點來看，藉由放寬隨機化使實驗容易實施的方法也有，稱爲分割法。

好好靈活運用這些手法，有效率地進行實驗，從所得到的數據推論出合理、客觀結論的方法論，此集大成即爲實驗計畫法。

本章就一元配置法、有重複的二元配置法、直交表實驗加以說明。

4-2 一元配置法

讓一個因子改變調查差異。

> ・ 鎖定因子後再使用（要因分析）
> ・ 分成要因效果與實驗誤差後再分析（要因分析）
> ・ 讓因子改變檢討效果（要因分析、對策研擬）
> ・ 探索最適水準（要因分析、對策研擬）

1.基本事項

列舉一個因子 A，分配 3 水準，各水準進行 4 次的實驗，所得到的特性的數據形式如表 1 所示。12 次的實驗順序完全隨機化。

表 1　一元配置的數據形式

	數據				平均
A_1	$x_{11},$	$x_{12},$	$x_{13},$	x_{141}	$\overline{x}_{A_1}$
A_2	$x_{21},$	$x_{22},$	$x_{23},$	x_{241}	$\overline{x}_{A_2}$
A_3	$x_{31},$	$x_{32},$	$x_{33},$	x_{341}	$\overline{x}_{A_3}$
					$\overline{x}$

依據此數據，檢定讓因子 A 的水準改變，是否有效果。

效果的有無，如表 1 所示是從平均的差異是否超出實驗誤差的觀點來判定。列舉一個因子進行實驗及分析的方法，稱爲一元配置法或一元配置變異數分析，計算平方和與自由度，整理在變異數分析表上，再檢定效果之有無。基於 1-1 節所敘述的內容求出各種的平方和與自由度。

2. 想想看

問題 1

因子 A（添加劑的量）分配 3 水準進行實驗，得出強度的數據。數據如表 2 所示。
將此描點的結果即為圖 1。

從圖 1，就因子 A 的效果，可以考察出什麼呢？

表 2　數據

	數據				平均
A_1	12,	13,	15,	14	13.5
A_2	15,	16,	17,	14	15.5
A_3	15,	14,	16,	13	14.5
					14.5

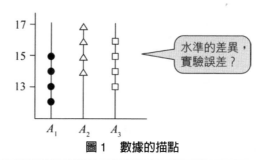

圖 1　數據的描點

水準的差異，
實驗誤差？

A_2 水準的平均，比其他水準的平均略高，另一方面，即使同一水準內數據的分散也很大。將此水準內的變異想成實驗誤差時，是否因水準的不同使平均的差異超出實驗誤差呢（是否有重現性呢？）無從得知。

因子 A 沒有效果的狀態如圖 2 所示。讓水準改變，母平均也未改變。即使是圖 2 的狀態也有因誤差造成的變異，所以或許可以得出如表 1 的數據。

以因子 A 有效果的狀態來說，雖然可以想出種種的型式，但以一例試考察圖 3 吧。圖 3 的母體狀況由於成立，所以也可想成可以得出如表 2 的數據。

可是，如果是圖 1 所示的水準間的差異程度時，圖 2 正確或圖 3 正確並不清楚。

圖 2　無效果的狀態

圖 3　有效果的狀態

問題2

因子 A（反應溫度）分配 3 水準進行實驗，得出強度的數據。數據如表 3 所示。將此描點的結果即為圖 4。
從圖 4，就因子 A 的效果可以考察出什麼呢？

表3　數據

	數據				平均
A_1	11,	12,	13,	12	12
A_2	15,	16,	16,	17	16
A_3	14,	14,	15,	13	14
					14

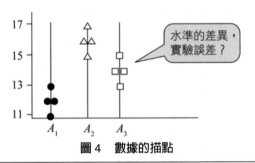

圖4　數據的描點

與問題 1 不同，水準內的變異，亦即誤差變小。水準間的平均之差似乎超出誤差。將無效果的狀態表示在圖 5，有效果的狀態表示在圖 6。從圖 5 的狀態不易想出可得到表 3 的數據，可以想成是反映圖 6 的狀態。

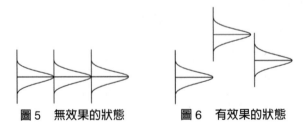

圖5　無效果的狀態　　　圖6　有效果的狀態

3. 略為詳細解說

問題 2 的所有數據集中在左方，畫出如圖 7。如觀察所有數據的描點時，分散在最小值 11 與最大值 17 之間。此變異的理由是什麼呢？第一個理由是「A 的水準是不同的」，第二個理由是「即使是相同的水準，因誤差造成的變異仍是存在的」。

亦即，將「所有數據的變異」似乎可以分解成「因水準間造成的變異」與「水準內（誤差）造成的變異」兩種。

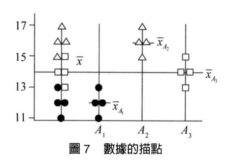

圖 7　數據的描點

將表示「所有數據之變異」的平方和 S_T，與 1-1 節一樣當作利用各個數據與所有的平均 $\overline{x}$ 之差的平方和求出，試依據表 3 來計算看看。

$$
\begin{aligned}
S_T &= (x_{11}-\overline{x})^2 + (x_{12}-\overline{x})^2 + (x_{13}-\overline{x})^2 + (x_{14}-\overline{x})^2 \\
&\quad + (x_{21}-\overline{x})^2 + (x_{22}-\overline{x})^2 + (x_{23}-\overline{x})^2 + (x_{24}-\overline{x})^2 \\
&\quad + (x_{31}-\overline{x})^2 + (x_{32}-\overline{x})^2 + (x_{33}-\overline{x})^2 + (x_{34}-\overline{x})^2 \\
&= (11-14)^2 + (12-14)^2 + (13-14)^2 + (12-14)^2 \\
&\quad + (15-14)^2 + (16-14)^2 + (16-14)^2 + (17-14)^2 \\
&\quad + (14-14)^2 + (14-14)^2 + (15-14)^2 + (13-14)^2 \\
&= 38
\end{aligned}
$$

其次，計算表示「水準間造成的變異」的平方和 S_A。這是在 S_T 的計算式中，將 A_1 水準的各個數據之值換成 $\overline{x}_{A_1}$，A_2 水準的各個數據之值換成 $\overline{x}_{A_2}$，A_3 水準的各個數據之值換成 $\overline{x}_{A_3}$ 再求出。並無水準內的誤差，水準內的 4 個數據均取成同值是作為前提的計算式。

$$
\begin{aligned}
S_A &= (\overline{x}_{A_1}-\overline{x})^2 + (\overline{x}_{A_1}-\overline{x})^2 + (\overline{x}_{A_1}-\overline{x})^2 + (\overline{x}_{A_1}-\overline{x})^2 \\
&\quad + (\overline{x}_{A_2}-\overline{x})^2 + (\overline{x}_{A_2}-\overline{x})^2 + (\overline{x}_{A_2}-\overline{x})^2 + (\overline{x}_{A_2}-\overline{x})^2 \\
&\quad + (\overline{x}_{A_3}-\overline{x})^2 + (\overline{x}_{A_3}-\overline{x})^2 + (\overline{x}_{A_3}-\overline{x})^2 + (\overline{x}_{A_3}-\overline{x})^2 \\
&= (12-14)^2 + (12-14)^2 + (12-14)^2 + (12-14)^2 \\
&\quad + (16-14)^2 + (16-14)^2 + (16-14)^2 + (16-14)^2 \\
&\quad + (14-14)^2 + (14-144)^2 + (14-14)^2 + (14-14)^2 \\
&= 32
\end{aligned}
$$

可是，實際上各水準內數據並非取成同值是有變異的。因此，表示「因水準內（誤差）引起的變異」之平方和 S_E（誤差平方和）可按如下求出。

$$S_E = S_T - S_A = 38 - 32 = 6$$

在統計方法中，平方和經常帶有自由度。上面出現的 3 個平方和 S_T, S_A, S_E 分別具有自由度 ϕ_T, ϕ_A, ϕ_E。

$$\phi_T（總數據數）- 1 = 12 - 1 = 11$$
$$\phi_A（水準數）- 1 = 3 - 1 = 2$$
$$\phi_E = \phi_T - \phi_A = 11 - 2 = 9$$

如上述求 ϕ_T 是與 1-1 節的情形相同，ϕ_A 可以如下來想。構成 S_A 的是以下三種，即

$$\bar{x}_{A_1} - \bar{x} = 12 - 14 = -2$$
$$\bar{x}_{A_2} - \bar{x} = 16 - 14 = 2$$
$$\bar{x}_{A_3} - \bar{x} = 14 - 14 = 0$$

將這些相加即成為 0，因之 S_A 的自由度 ϕ_A 即為 3 - 1 = 2。

$\phi_E = \phi_T - \phi_A$ 是對應 $S_E = S_E - S_A$。

將各平方和除以對應的自由度後再比較。因子 A 的效果以 $V_A = \dfrac{S_A}{\phi_A}$ 來評價，誤差的大小以 $V_E = \dfrac{S_E}{\phi_E}$ 來評價。接著，因子 A 是否有效果？亦即是否有超出誤差的效果？計算檢定統計量 $F_o = \dfrac{V_A}{V_E}$ 後再檢討。有超出誤差之效果，是指 $F_o = \dfrac{V_A}{V_E}$ 遠大於 1。要比 1 大多少才好呢？利用 F 分配表求出 $F(\phi_A, \phi_E; 0.05)$ 之值，利用是否 $F_o \geq F(\phi_A, \phi_E; 0.05)$ 來判定。將這些整理在變異數分析表中。

由問題 2 的數據所求出的變異數分析表如表 4 所示。$F_o = \dfrac{V_A}{V_E} = 24^*$ 的 * 號是意指「有顯著差」，亦即，因子 A 有效果。

其次，利用問題 1 的數據所求出的變異數分析表如表 5 所示。此情形是沒有顯著差。

表 4　變異數分析表（問題 2 的數據）

要因	平方和	自由度	變異數	F_0
A	$S_A = 32$	$\phi_A = 2$	$V_A = \dfrac{32}{2} = 16$	24*
E	$S_E = 6$	$\phi_E = 9$	$V_E = \dfrac{6}{9} = 0.67$	
計	$S_T = 38$	$\phi_T = 11$		

$F(2, 9; 0.05) = 4.26$

表 5　變異數分析表（問題 1 的數據）

要因	平方和	自由度	變異數	F_0
A	$S_A = 8$	$\phi_A = 2$	$V_A = \dfrac{8}{2} = 4$	2.4
E	$S_E = 158$	$\phi_E = 9$	$V_E = \dfrac{15}{9} = 1.67$	
計	$S_T = 23$	$\phi_T = 11$		

$F(2, 9; 0.05) = 4.26$

4-3 二元配置法

讓兩個因子變化調查差異。

- 分成要因效果與實驗誤差再分析（要因分析）
- 讓因子改變、檢討結果（要因分析、研擬對策）
- 交互作用之檢討（要因分析、對策研擬）
- 最適水準的探索（要因分析、對策研擬）

1.基本事項

同時列舉因子 A（3 水準）與因子 B（4 水準），各水準組合均實驗 2 次。此時的特性的數據形式如表 1 所示。將 $3 \times 4 \times 2 = 24$ 次的實驗以隨機順序進行。

表 1　二元配置的數據形式

	B_1	B_2	B_3	B_4	平均
A_1	x_{111} x_{112}	x_{121} x_{122}	X_{131} X_{132}	x_{141} x_{142}	$\overline{x}_{A_1}$
A_2	x_{211} x_{212}	x_{221} x_{222}	X_{231} X_{232}	x_{241} x_{242}	$\overline{x}_{A_2}$
A_3	x_{311} x_{312}	x_{321} x_{322}	X_{331} X_{332}	x_{341} x_{342}	$\overline{x}_{A_3}$
平均	$\overline{x}_{B_1}$	$\overline{x}_{B_2}$	$\overline{x}_{B_3}$	$\overline{x}_{B_4}$	$\overline{x}$

檢討讓各個因子的水準改變時的效果（主效果）與交互作用是目的所在。交互作用是指某個特別的水準組合所產生的組合效果。

2. 想想看

問題1

因子 A（添加劑的量）與因子 B（處理壓力）分別分配 3 水準與 4 水準，假定得出如表 2 的強度數據。將此描點的結果即為圖 1。
由圖 1 可以考察出哪些事項？

表 2　數據

	B_1	B_2	B_3	B_4	平均
A_1	10 11	12 13	15 14	13 12	12.5
A_2	13 14	15 16	18 17	16 15	15.5
A_3	16 17	18 19	20 21	18 19	18.5
平均	13.5	15.5	17.5	15.5	15.5

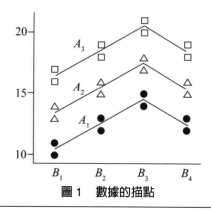

圖 1　數據的描點

　　不管是因子 A 的任一水準，讓因子 B 的水準改變時，圖形的增減形式是相同的。亦即，圖形形成平行。此事說明無交互作用。實際上，圖形如圖 1 那樣完全平行是幾乎不存在的。脫離平行性的程度即為交互作用的大小。

　　比較各水準組合內 2 個數據的變異（實驗誤差），考察 A 的水準變化引起的效果以及 B 的水準變化引起的效果。A_3 對 B 的任一水準來說均比 A_1, A_2 之值高。亦即，A 的效果似乎存在。B_3 對 A 的任一水準來說，均比 B_1, B_2, B_4 的值高。亦即，B 的主效果似乎存在。

就因子 A（添加劑的量）與因子 B（反應溫度）分別分配 3 水準與 4 水準，假定得出如表 3 的強度數據。將此描點的結果即為圖 2。由圖 2 可以考察出什麼？

表 3　數據

	B_1	B_2	B_3	B_4	平均
A_1	10 11	12 13	15 14	17 16	13.5
A_2	13 14	15 16	18 17	19 20	16.5
A_3	16 17	15 14	12 13	10 11	13.5
平均	13.5	14.5	14.8	15.5	14.5

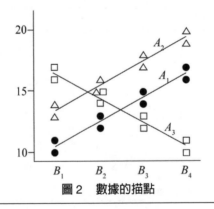

圖 2　數據的描點

　　圖 2 是與圖 1 不同，取決於因子 A 的水準，因子 B 的水準改變時的圖形類型是不同的。A_1 與 A_2 雖是單調地增加，但 A_3 是單調地減少，圖形並不平行。這是說明 A 與 B 的交互作用是存在的。交互作用是以 $A \times B$ 表示。

3. 略為詳細解說

製作變異數分析表後，檢定因子 A 與因子 B 的主效果與交互作用 $A \times B$。

表示「所有數據之變異」的平方和 S_T 與一元配置法同樣計算。表 1 的情形即為下式。

$$S_T = (x_{111} - \overline{x})^2 + (x_{112} - \overline{x})^2 + (x_{121} - \overline{x})^2 + (x_{122} - \overline{x})^2$$
$$+ \cdots + (x_{341} - \overline{x})^2 + (x_{342} - \overline{x})^2$$

此處，將表 1 如表 4 那樣改寫。表 4 是將 A 與 B 的各水準組合想成是一個水準，與一元配置法的數據形式相同。水準組合有 12 種，所以表 4 的水準數是 12。

表 4　表 1 的數據改寫

	數據	平均
A_1B_1	x_{111}, 　x_{112}	$\overline{x}_{A_1B_1}$
A_1B_2	x_{121}, 　x_{122}	$\overline{x}_{A_1B_2}$
A_1B_3	x_{131}, 　x_{132}	$\overline{x}_{A_1B_3}$
⋮	⋮	⋮
A_3B_3	x_{331}, 　x_{332}	$\overline{x}_{A_3B_3}$
A_3B_4	x_{341}, 　x_{342}	$\overline{x}_{A_3B_4}$

與 4-2 節一樣，表示「水準間引起的變異」的平方和 S_{AB}，在 S_T 的計算式中，將各個數據以所屬的水準組合的平均 $\overline{x}_{A_iB_j}$ 替換，即可按如下計算。

$$S_{AB} = (\overline{x}_{A_1B_1} - \overline{x})^2 + (\overline{x}_{A_1B_1} - \overline{x})^2 + (\overline{x}_{A_1B_2} - \overline{x})^2 + (\overline{x}_{A_1B_2} - \overline{x})^2$$
$$+ \cdots + (\overline{x}_{A_3B_4} - \overline{x})^2 + (\overline{x}_{A_3B_4} - \overline{x})^2$$

另外，表示「水準內（誤差）引起的變異」之平方和 S_E（誤差平方和）與一元配置法相同，即為下式。

$$S_E = S_T - S_{AB}$$

其次，表示「因子 A 的水準間引起的變異」的平方和 S_A，在 S_T 的計算式中，各個數據以所屬的 A 的水準的平均 $\overline{x}_{A_i}$ 替換，按如下求出。

$$S_A = (\overline{x}_{A_1} - \overline{x})^2 + (\overline{x}_{A_1} - \overline{x})^2 + (\overline{x}_{A_1} - \overline{x})^2 + (\overline{x}_{A_1} - \overline{x})^2$$
$$+ \cdots + (\overline{x}_{A_3} - \overline{x})^2 + (\overline{x}_{A_3} - \overline{x})^2$$

表示「因子 B 的水準間引起的變異」的平方和 S_B 也同樣按如下求出。

$$S_B = (\overline{x}_{B_1} - \overline{x})^2 + (\overline{x}_{B_1} - \overline{x})^2 + (\overline{x}_{B_1} - \overline{x})^2 + (\overline{x}_{B_1} - \overline{x})^2$$
$$+ \cdots + (\overline{x}_{B_4} - \overline{x})^2 + (\overline{x}_{B_4} - \overline{x})^2$$

表示交互作用的平方和 $S_{A \times B}$ 是當作 S_{AB} 之中無法以 A 的水準變化與 B 的水準變化說明的變異，可按如下計算：

$$S_{A \times B} = S_{AB} - S_A - S_B$$

試著考察自由度。因子 A 的水準數設為 a（表 1 中 $a = 3$），因子 B 的水準數設為 b（表 1 中 $b = 4$），水準組合中實驗次數設為 r（表 1 中 $r = 2$），則數據數 n 即為 $n = abr$，6 種平方和的自由度按如下計算。

$\phi_T = ($ 總數據數 $) - 1 = n - 1$

$\phi_{AB} = ($ AB 的水準組合數 $) - 1 = ab - 1$

$\phi_E = \phi_T - \phi_{AB} = n - ab$

$\phi_A = ($ A 的水準數 $) - 1 = a - 1$

$\phi_B = ($ B 的水準數 $) - 1 = b - 1$

$\phi_{A \times B} = \phi_{AB} - \phi_A - \phi_B = (ab-1) - (a-1) - (b-1)$
$\quad\quad = ab - a - b + 1 = (a-1)(b-1) = \phi_A \times \phi_B$

將以上整理在表 5 的變異數分析表中，為了檢定因子 A 與 B 的主效果、交互作用的效果，將檢定統計量 F_o 之值與 F 分配之值 $F(\phi_{\text{要因}}, \phi_E; 0.05)$ 比較後再判定。

表 5　變異數分析表

要因	平方和	自由度	變異數	F_0
A	S_A	ϕ_A	$V_A = S_A / \phi_A$	V_A / V_E
B	S_B	ϕ_B	$V_B = S_B / \phi_B$	V_B / V_E
$A \times B$	$S_{A \times B}$	$\phi_{A \times B}$	$V_{A \times B} = S_{A \times B} / \phi_{A \times B}$	$V_{A \times B} / V_E$
E	S_E	ϕ_E	$V_E = S_E / \phi_E$	
計	S_T	ϕ_T		

依據問題 1 與問題 2 的數據製作變異數分析表時，得出表 6 與表 7。加上 * 記號的要因是判定為「有效果」。

表 6　變異數分析表（問題 1 的數據）

要因	平方和	自由度	變異數	F_0
A	144	2	72	144[*]
B	48	3	16	32[*]
$A \times B$	0	6	0	0
E	6	12	0.5	
計	198	23		

$F(2, 12; 0.05) = 3.89$, $F(3, 12; 0.05) = 3.49$,
$F(6, 12; 0.05) = 3.00$

表 7　變異數分析表（問題 2 的數據）

要因	平方和	自由度	變異數	F_0
A	48	2	24	48[*]
B	13.3	3	4.4	8.9[*]
$A \times B$	106.7	6	17.8	35.6[*]
E	6	12	0.5	
計	174	23		

$F(2, 12; 0.05) = 3.89$, $F(3, 12; 0.05) = 3.49$,
$F(6, 12; 0.05) = 3.00$

4-4 直交表

以較少的實驗次數調查許多的要因效果。

- 在要因分析的初期階中段利用（要因分析）
- 以較少的實驗次數來檢討（要因分析、研擬對策）
- 因子的縮減（要因分析、研擬對策）
- 所需之交互作用的檢討（要因分析、研擬對策）

---

1. 基本事項

如表 1 那樣，1 與 2 依據某種規則所排列的表作爲直交表，也稱爲直交配列表。表 1 是稱爲 L_8 的直交表，表中的 1 與 2 是表示水準號碼，L_8 的 8 是表示列數，相當於實驗次數，[1], [2],…是表示行號。

表 1　L_8 直交表

No.	[1]	[2]	[3]	[4]	[5]	[6]	[7]
1	1	1	1	1	1	1	1
2	1	1	1	2	2	2	2
3	1	2	2	1	1	2	2
4	1	2	2	2	2	1	1
5	2	1	2	1	2	1	2
6	2	1	2	2	1	2	1
7	2	2	1	1	2	2	1
8	2	2	1	2	1	1	2

表 1 由於水準號碼是 1 與 2，因之稱爲 2 水準直交表。2 水準直交表除 L_8 外，也有 $L_4, L_{16}, L_{32}, \cdots$ 等。另一方面，以 3 水準直交表來說，有 $L_9, L_{27}, \cdots$。

列舉許多的因子進行多元配置法時，實驗次數會增大。但使用直交表時，即可減少實驗次數。

列出的因子名記入列直交表的行號上，再決定進行實驗時的水準組合一事，稱爲「配置因子」。

實驗是以隨機順序進行。

2. 想想看

問題 1

列舉出 4 個因子，分別為 A（添加劑之量）、B（反應時間）、C（反應溫度）、D（前處理），任一者均為 2 水準。特性（數據）是磨耗度。

表 2　在 L_8 直交表上的因子配置

No.	A [1]	B [2]	C [3]	D [4]	[5]	[6]	[7]	水準組合	數據
1	1	1	1	1	1	1	1	$A_1B_1C_1D_1$	x_1
2	1	1	1	2	2	2	2	$A_1B_1C_1D_2$	x_2
3	1	2	2	1	1	2	2	$A_1B_2C_2D_1$	x_3
4	1	2	2	2	2	1	1	$A_1B_2C_2D_2$	x_4
5	2	1	2	1	2	1	2	$A_2B_1C_2D_1$	x_5
6	2	1	2	2	1	2	1	(1)	x_6
7	2	2	1	1	2	2	1	(2)	x_7
8	2	2	1	2	1	1	2	(3)	x_8

如表 2 那樣配置因子。No.1〜8 的實驗水準組合成為如何？
以記入者作為參考，依據直交表的水準號碼填入 (1), (2), (3)。

　　配置因子的行的水準號碼，即成為實施實驗時的因子的水準。(1), (2), (3) 即為如下。
　　(1) $A_2B_1C_2D_2$；(2) $A_2B_2C_1D_1$；(3) $A_2B_2C_1D_2$
　　2 水準的因子有 4 個，如當作 4 元配置法來想時，水準組合的總數即有 $2 \times 2 \times 2 \times 2$ = 16 種。相對地，在表 2 中只進行約半數的 8 次實驗。因此，可以檢定 4 個因子的主效果。

問題 2

在表 2 所示的配置中以 No. 的順序實驗時，會有何種的問題呢？

　　如著眼於因子 A 的水準時，No.1〜4 是 A_1，No.5〜8 是 A_2。如果到了後半因而出現有得出好數據之傾向時，以 No. 的順序進行實驗時，儘管 A_1 與 A_2 的效果無差異，仍有可能發生「A_2 較優」的誤判。
　　以隨機順序來實驗是有需要的。

依據問題 1 的表 2 及其解答想想看。設定在 A_1 的 4 次實驗（No.1～4），B_1 與 B_2、C_1 與 C_2、D_1 與 D_2 分別被設定幾次呢？又設定在 A_2 的 4 次實驗（No.5～8），其情形又是如何呢？

No.1～4 的水準組合如下。

$$A_1B_1C_1D_1,\ A_1B_1C_1D_2,\ A_1B_2C_2D_1,\ A_1B_2C_2D_2$$

4 個均被設定成 A_1。另一方面，B_1 與 B_2、C_1 與 C_2、D_1 與 D_2 是各有 2 次被設定。對於設定成 B_2 的 4 次實驗（No.3, 4, 7, 8）也是一樣。

直交表是如此被設計的。

3. 略為詳細解說

使用直交表進行實驗時，各個數據均包含著各種因子的效果，但可以個別調查各因子的主效果，那是因為具有問題 3 的解答中所說明的性質。

基於表 2 的配置與數據，想檢定因子 A 的效果，亦即 A_1 與 A_2 的差異。以 A_1 實驗的數據和表示成 T_{A_1}，以 A_2 實驗的數據和表示成 T_{A_2}。亦即

$$T_{A_1} = x_1 + x_2 + x_3 + x_4,\ T_{A_2} = x_5 + x_6 + x_7 + x_8$$

這些依據問題 3 的解答，均含有相同的因子 B, C, D 的效果。如果 A_1 與 A_2 的效果相同時，應該是 $T_{A_1} \fallingdotseq T_{A_2}$。因為有誤差所以不一定是等號。另一方面，如果 A_1 比 A_2 有較大的效果時，理應 $T_{A_1} > T_{A_2}$。

這些概念表示在圖 1 與圖 2 中。天秤上放置著對應各個因子的水準，不管是圖 1 還是圖 2，放置在天秤左右的因子 B, C, D 的分量是相同的。圖 1 中左右的天秤平衡意指 A_1 與 A_2 的分量相同。圖 2 是天秤的左方較重，這意指 A_1 的分量比 A_2 的分量重。

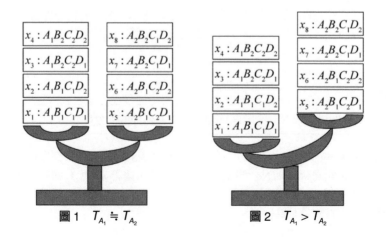

圖 1　$T_{A_1} \fallingdotseq T_{A_2}$　　　　圖 2　$T_{A_1} > T_{A_2}$

平方和的計算與一元配置法及二元配置法的情形相同。

以下也基於表 2 來說明。

表示「數據全體的變異」的平方和 S_T 是

$$S_T = (x_1 - \overline{x})^2 + (x_2 - \overline{x})^2 + \cdots + (x_8 - \overline{x})^2$$

自由度是

$$\phi_T = (總數據數) - 1 = n - 1 = 8 - 1 = 7$$

A 的主效果的平方和 S_A 是在 S_T 中將 x_1, x_2, x_3, x_4 換成它們的平均 $\overline{x}_{A_1}$，將 x_5, x_6, x_7, x_8 換成它們的平均 $\overline{x}_{A_2}$ 再計算。亦即

$$S_A = (\overline{x}_{A_1} - \overline{x})^2 + (\overline{x}_{A_1} - \overline{x})^2 + \cdots + (\overline{x}_{A_2} - \overline{x})^2$$

將此式整理時，即與下式一致，即

$$S_A = \frac{(T_{A_1} - T_{A_2})^2}{n} = \frac{(T_{A_1} - T_{A_2})^2}{8}$$

此處，再度觀察圖 1 與圖 2 時，知 S_A 成為測量 A 的主效果的大小之尺度。自由度是

$$\phi_A = (A \text{ 的水準數}) - 1 = 2 - 1 = 1$$

因子 B, C, D 的平方和與自由度也同樣計算，譬如，

$$S_B = \frac{(T_{B_1} - T_{B_2})}{n} = \frac{(T_{B_1} - T_{B_2})}{8}$$

$$T_{B_1} = x_1 + x_2 + x_5 + x_6, \quad T_{B_2} = x_3 + x_4 + x_7 + x_8$$

$$\phi_B = (B \text{ 的水準數}) - 1 = 2 - 1 = 1$$

誤差平方和與自由度如下

$$S_E = S_T - (S_A + S_B + S_C + S_D)$$
$$\phi_E = \phi_T - (\phi_A + \phi_B + \phi_C + \phi_D) = 7 - (1+1+1+1) = 3$$

將以上的結果如表 3 那樣整理在變異數分析表上，再檢定各效果的有無。

表 2 是將四個因子 A, B, C, D 按此順序配置在行中，但配置方法是任意的。譬如，將 A 配量在 [2] 行，B 配置在 [4] 行，C 配置在 [5] 行，D 配置在 [7] 行也無妨。進行實驗的水準組合雖然與表 2 的情形不同，但解析結果只是誤差的不同。

表3　變異數分析表

要因	平方和	自由度	變異數	F_0
A	S_A	$\phi_A = 1$	$V_A = S_A / \phi_A$	V_A / V_E
B	S_B	$\phi_B = 1$	$V_B = S_B / \phi_B$	V_B / V_E
C	S_C	$\phi_C = 1$	$V_C = S_C / \phi_C$	V_C / V_E
D	S_D	$\phi_D = 1$	$V_D = S_D / \phi_D$	V_D / V_E
E	S_E	$\phi_E = 3$	$V_E = S_E / \phi_E$	
計	S_T	$\phi_T = 7$		

$F(\phi_{要因}, \phi_E; 0.05) = F(1, 3; 0.05) = 10.1$

　　表 2 是被配置四個因子。[5][6][7] 行是空行，所以可以再配置其他因子。如此一來，誤差的精度即減少。誤差的自由度一減少，檢定的精度即降低有些弱點。

　　直交表是檢定的精度降低，相反地能以較少的實驗次數，調查許多因子效果的一種工具。

　　以上的說明是忽略了交互作用。本章所述的 2 水準直交表與 3 水準直交表也可以檢討交互作用，但考慮所有的交互作用是有困難的。有交互作用時的因子配置與想法，是正式學習實驗計畫法的一個重點。

第5章
多變量分析法

5-1 多變量分析法

利用許多的變量找出相關關係。

· 操作數據，日常數據的解析（現狀掌握）
· 調查數據的解析（要因分析、對策研擬）
· 變數的模式化（要因分析、對策研擬）
· 變數與樣本的分類（對策研擬、效果確認）

1.基本事項

表 1 是針對 p 個變數（也稱為變量），n 組數據被觀測的多變量數據。

多變量數據是以作業數據得到的情形居多。並且，當作調查結果的數據所得到的情形也有。此種數據的特徵是在變數間存在著某種相關關係。

變數的類型可以分類成量變數（計量值數據）與質變數（計數值數據、類別數據）。

表 1　多變量數據的形式

No.	x_1	x_2	$\cdots$	x_p
1	x_{11}	x_{12}	$\cdots$	x_{1p}
2	x_{21}	x_{22}	$\cdots$	x_{2p}
$\vdots$	$\vdots$	$\vdots$	$\cdots$	$\vdots$
n	x_{n1}	x_{n2}	$\cdots$	x_{np}

多變量分析法是多變量數據的分析方法的總稱。與實驗計畫法不同，能巧妙地利用變數間的相關關係再反映到分析結果上。

視目的而開發，有許許多多的多變量分析方法，像複迴歸分析、判別分析、主成分分析、因素分析、類別分析、集群分析、共變異數構造分析（結構方程模式分析）、對應分析、多段層別分析（迴歸 2 進樹）等。

2.想想看

問題 1

想調查某車站附近的中古公寓價格是如何決定的？要選擇何種的變數好呢？以及這些是量變數或是質變數呢？請考察看看。

將例子表示在表 2 中。「方向」是指起居室的窗戶方向。「價格」、「建築年數」、「車站距離」是量變數，「停車場」、「方向」是質變數。

表 2　中古公寓的數據

No.	價格（千萬元）	建地面積（m²）	建築年數（年）	車站距離（分）	停車場	方向
1	3.4	51	4	12	有	南
2	3.6	72	16	8	無	東
⋮	⋮	⋮	⋮	⋮	⋮	⋮
100	5.6	104	7	9	有	南

問題 2

對表 2 的數據在應用多變量分析之前，假定要進行基本的解析時，有哪些事項是要被考慮的呢？

首先，著眼每一個變數。如量變數時，檢討異常值之有無，計算平均與變異數，製作直方圖。如果是質變數時，計算各個類別的比率，製作堆積圖或圖餅圖等。

其次舉出兩個變數。列舉兩個量變數，製作散佈圖，檢討有無異常值，求出相關係數，求出單迴歸直線的時候也有。如果有兩個質變數時，製作分割表，計算 Cramer 的關聯係數。如果是量變數與質變數時，以質變數層別，按各層利用量變數計算平均與變異數，接著製作直方圖等，再比較檢討。

問題 3

基於表 2 的數據，可以將何種事情當作解析目標呢？

考察中古價格是如何決定的，此即為解析目標。表 2 中，價格稱為目的變數，其他稱為說明變數。使用說明變數製作預測目的變數的式子。接著，所求出的式子其可用程度如何？亦即評價可以適配數據到何種程度。如果式子有用，將關心的物件的說明變數之值代入此式中，即可判斷該物件的價格是否適切。

此種解析稱為複迴歸分析。

3.略為詳細解說

將表 1 的數據區分為目的變數 y 與說明變數 $x_1, x_2, \cdots, x_p$ 之後表示在表 3 中。

表 3　多變量數據的形式

No.	y	x_1	x_2	$\cdots$	x_p
1	y_1	x_{11}	x_{12}	$\cdots$	x_{1p}
2	y_2	x_{21}	x_{22}	$\cdots$	x_{2p}
$\vdots$	$\vdots$	$\vdots$	$\vdots$	$\cdots$	$\vdots$
n	y_n	x_{n1}	x_{n2}	$\cdots$	x_{np}

複迴歸分析或判別分析是有目的變數，而主成分分析是不存在目的變數。

這些手法是基於表 3 的變數 $x_1, x_2, \cdots, x_p$ 製作如下的新變數。

$$z = b_0 + b_1 + x_1 + b_2 x_2 + \cdots + b_p x_p$$

將此稱為合成變數。在複迴歸分析中稱為複迴歸式，在判別分析中稱為判別式，在主成分分析中稱為主成分。

任一情形的感覺，均是將許多變數的資訊整理成一個合成變數。評估合成變數是否有用，或是否適配數據。

未製作合成變數的多變量分析的手法也有。譬如，集群分析或多段層別分析（迴歸 2 進樹）是不製作合成變數進行樣本的分類。

本章就複迴歸分析、判別分析、主成分分析、集群分析、因素分析加以說明。考慮到事務部門的人士能夠閱讀，列舉容易理解的例子來說明。讀者不妨換成自己的工作內容來想想看。

Note

5-2 複迴歸分析

使用數個變數進行預測。

- ・以說明變數預測目的變數（現狀掌握、要因分析）
- ・異常值的有無，層別的檢討（現狀掌握、要因分析）
- ・選擇對預測有效的變數（現狀掌握、要因分析）
- ・掌握複迴歸式的精度（要因分析、對策研擬）

1.基本事項

針對目的變數 y 與 p 個說明變數 $x_1, x_2, \cdots, x_p$，n 組數據被觀測的結果如表 1 所示。

表 1　複迴歸分析的數據形式

No.	y	x_1	x_2	$\cdots$	x_p
1	y_1	x_{11}	x_{12}	$\cdots$	x_{1p}
2	y_2	x_{21}	x_{22}	$\cdots$	x_{2p}
$\vdots$	$\vdots$	$\vdots$	$\vdots$	$\cdots$	$\vdots$
n	y_n	x_{n1}	x_{n2}	$\cdots$	x_{np}

複迴歸分析是使用最小平方方法求出迴歸式

$$\hat{y} = b_0 + b_1 x_1 + b_2 x_2 + \cdots + b_p x_p$$

所求出的複迴歸式是否有用，使用貢獻率或調整自由度的貢獻率來評價。

將具體的值 $(x_1, x_2, \cdots, x_p) = (x_{01}, x_{02}, \cdots x_{0p})$ 代入所求出的複迴歸式的說明變數中，求出

$$\hat{y}_0 = b_0 + b_1 x_{01} + b_2 x_{02} + \cdots + b_p x_{0p}$$

稱為預測。$\hat{y}_0$ 稱為預測值。

2.想想看

問題 1

將某車站附近的中古公寓價格當作目的變數，以建地面積、建築年數作為說明變數，收集數據得出表 2（5-2 節的表 2 的一部分）。

表 2　中古公寓的數據與預測值

No.	價格 y （百萬元）	建地面積 x_1 （m²）	建築年數 x_2 （年）	預測值 $\hat{y}$ （百萬元）
1	3.4	51	4	3.37
2	3.6	72	16	(1)
⋮	⋮	⋮	⋮	⋮
100	5.6	104	7	(2)

利用最小平方法求出複迴歸式時得出下式，

$$\hat{y} = 1.1 + 0.05x_1 - 0.07x_2$$

與表 2 的 No.1 一樣，將預測值填入 (1)(2) 中。

(1) $\hat{y} = 1.1 + 0.05 \times 72 - 0.07 \times 16 = 3.58$（百萬元）

(2) $\hat{y} = 1.1 + 0.05 \times 104 - 0.07 \times 7 = 5.81$（百萬元）

　　一般來說，實測值 y 與預測值 $\hat{y}$ 是不會一致的。可是，此差異如果大時，有可能偏離適當價格。是買貴了呢？或是買便宜了呢？或其他理由？有思考的空間。

問題 2

所得到的複迴歸式是否有用？依據表 2 所記載的數據與預測值，要如何評估才好？

　　雖然預測值 $\hat{y}$ 與實測值 y 不一致，但愈接近愈好。因此，考察差異 $e = y - \hat{y}$。此稱為殘差。殘差有正也有負，因之平方後就所有數據相加之殘差平方和

$$S_e = \sum_{i=1}^{100} (y_i - \hat{y}_i)^2$$

可以想成是評價的尺度。

　　並且，考察預測值 $\hat{y}$ 與實測值 y 的相關係數。

$$R = \frac{\displaystyle\sum_{i=1}^{100} (y_i - \overline{y})(\hat{y}_i - \overline{y})}{\sqrt{\displaystyle\sum_{i=1}^{100} (y_i - \overline{y})^2 \cdot \sum_{i=1}^{100} (\hat{y}_i - \overline{\hat{y}})^2}}$$

將 R 稱為複相關係數，R^2 稱為貢獻率。貢獻率是在 0 與 1 之間，愈接近 1，可以認為複迴歸式是有用的。

問題 3

表 3 的說明變數是 1 個時，亦即單迴歸分析的數據。如製作散佈圖時，以兩次曲線的形式分散著。要適配兩次函數時，要如何進行才好？

表 3 成對的數據

No.	y	x
1	y_1	x_1
2	y_2	x_2
⋮	⋮	⋮
n	y_n	x_n

所求出的迴歸式是如下形式。

$$\hat{y} = b_0 + b_1 x + b_2 x^2$$

因此，從表 3 的 x 值求出 x^2，製作表 4，再想成有兩個說明變數 $x_1 = x$, $x_2 = x^2$，然後進行複迴歸分析。

表 4 求二次曲線的數據

No.	y	x	x^2
1	y_1	x_1	x_1^2
2	y_2	x_2	x_2^2
⋮	⋮	⋮	⋮
n	y_n	x_n	x_n^2

3. 略為詳細解說

在問題 2 的解答中，提及殘差平方和。改寫時即為

$$S_e = \sum_{i=1}^{100} (y_i - \hat{y}_i)^2 = \sum_{i=1}^{100} \{y_i - (b_0 + b_1 x_{i1} + b_2 x_{i2})\}^2$$

最小平方法是使殘差平方和 S_e 成為最小來決定 b_0, b_1, b_2。此與 1-6 節的單迴歸分析的情形是一樣的。

如使用目的變數 y 的平方和 $S_{yy} = \sum (y_i - \bar{y})^2$ 與殘差平方和 S_e 時，在問題 2 中所敘述的貢獻率與下式一致是可用數學的方式推導出來。

$$R^2 = \frac{S_{yy} - S_e}{S_{yy}} = 1 - \frac{S_e}{S_{yy}}$$

因此，依據最小平方法求複迴歸式，與使貢獻率成為最大來求複迴歸式是相同的。

在 5-2 節中說明了說明變數有兩個的情形，而實際上說明變數是有更多的。即使是此種情形最小平方法的想法也是一樣的。

儘管有甚多的說明變數，但並不一定所有的說明變數都是需要的。不需要的說明變數最好不要包含在複迴歸式中。因此，可進行只將所需要的說明變數列入式子的作業。稱此為說明變數的選擇，或單稱為變數選擇或模式選擇。

貢獻率會隨著變數的增加而慢慢變大，即使是沒有用的變數也列入複迴歸式中 R^2 也會變大。變數如事先已決定時，R^2 是評價的尺度，如若不然，當作變數選擇的尺度是不理想的。

變數選擇的評價尺度已提出許許多多，但任一者都大同小異。此處，介紹最常使用的調整自由度的貢獻率。

統計學上，各平方和均對應一個自由度，S_{yy} 是總平方和，所以對應自由度 $\phi_T = n - 1$。殘差平方和 S_e 是對應自由度 $\phi_e = n - k$。k 是引進到複迴歸式的說明變數的個數。此時調整自由度的貢獻率可定義為

$$R^{*2} = 1 - \frac{S_e / \phi_e}{S_{yy} / \phi_T}$$

儼然是使用自由度去調整貢獻率 R^2。看起來也許像是煞費功夫，但利用自由度的調整，無用的變數引進到複迴歸式時，R^{*2} 會變小。因此將增大 R^{*2} 之值的變數追加到複迴歸式的此種變數選擇是妥當的。

最後考察說明變數是質變數的情形。今考察 5-1 節的表 2 的中古公寓的數據。停車場（的有無）與（起居室的）方向是質變數。

停車場只有兩個類別，即「有」、「無」，所以使用 0 與 1 之變數。

$$x_4 = \begin{cases} 1 \ （有） \\ 0 \ （無） \end{cases}$$

此種變數稱為虛擬變數（Dummy variable）。

方向有「東」、「西」、「南」、「北」四個類別，所以使用 4 − 1 = 3 個虛擬變數

$$x_{5(1)} = \begin{cases} 1 \ （東） \\ 0 \ （東以外） \end{cases} ; \ x_{5(2)} = \begin{cases} 1 \ （西） \\ 0 \ （西以外） \end{cases} ; \ x_{5(3)} = \begin{cases} 1 \ （南） \\ 0 \ （南以外） \end{cases}$$

利用此，「東」即可表示成 $(x_{5(1)}, x_{5(2)}, x_{5(3)}) = (1, 0, 0)$，「西」可以表示成 $(0, 1, 0)$，「南」表示成 $(0, 0, 1)$，「北」表示成 $(0, 0, 0)$。

如以上引進虛擬變數，將這些有如想成是量變數時，即可進行複迴歸分析。

5-3 判別分析

從數個變數判定屬於哪一個母體。

・使用變數判別（現狀掌握、要因分析）
・異常值的有無，層別的檢討（現狀掌握、要因分析）
・選擇判別上有效的變數（要因分析、對策研擬）
・掌握判別式的精度（要因分析、對策研擬）

1.基本事項

考察表1的數據形式吧。表示變數 y 是屬於母體 [1] 與 [2] 之中的何者，對於屬於 [1] 的 m 個個體來說是觀測 p 個變數 $x_1, x_2, \cdots, x_p$；對於屬於 [2] 的 n 個個體來說，也是觀測 p 個變數 $x_1, x_2, \cdots, x_p$ 所得的數據。

表 1　判別分析的數據形式

No.	y	x_1	x_2	$\cdots$	x_p
1	[1]	$x_{11}^{[1]}$	$x_{12}^{[1]}$	$\cdots$	$x_{1p}^{[1]}$
2	[1]	$x_{21}^{[1]}$	$x_{22}^{[1]}$	$\cdots$	$x_{2p}^{[1]}$
$\vdots$	$\vdots$	$\vdots$	$\vdots$	$\cdots$	$\vdots$
m	[1]	$x_{m1}^{[1]}$	$x_{m2}^{[1]}$	$\cdots$	$x_{mp}^{[1]}$
1	[2]	$x_{11}^{[2]}$	$x_{12}^{[2]}$	$\cdots$	$x_{1p}^{[2]}$
2	[2]	$x_{21}^{[2]}$	$x_{22}^{[2]}$	$\cdots$	$x_{2p}^{[2]}$
$\vdots$	$\vdots$	$\vdots$	$\vdots$	$\cdots$	$\vdots$
n	[2]	$x_{n1}^{[2]}$	$x_{n2}^{[2]}$	$\cdots$	$x_{np}^{[2]}$

判別分析是利用表 1 的數據求出判別式。

$$z = b_0 + b_1 x_1 + b_2 x_2 + \cdots + b_p x_p$$

將想判別的個體的變數之值 $(x_1, x_2, \cdots, x_p) = (x_{01}, x_{02}, \cdots, x_{0p})$ 代入已求出的判別式的變數 $x_1, x_2, \cdots, x_p$ 之中，求出

$$z_0 = b_0 + b_1 x_{01} + b_2 x_{02} + \cdots + b_p x_{0p}$$

如果 $z_0 \leq 0$ 則判別該個體屬於母體 [1]，如 $z_0 > 0$ 則判別該個體屬於母體 [2]。

計算誤判別的比率再評估判別方式。

2. 想想看

一級品的母體當作 [1]，二級品的母體當作 [2]。外觀檢查要花時間，因之為了判別開發了簡易檢查。從一級品、二級品中選出 50 個進行簡易檢查之結果，如表 2 所示。

表 2　判別分析的所需數據（變數 1 個時）

No.	y	檢查值 x
1	[1]	32
2	[1]	37
⋮	⋮	⋮
50	[1]	39
1	[2]	53
2	[2]	52
⋮	⋮	⋮
50	[2]	48

利用表 2 計算各母體的樣本平均與樣本標準差時即為如下。

$$母體 [1] : \bar{x}^{[1]} = 36.0, \ s^{[1]} = 3.0$$
$$母體 [2] : \bar{x}^{[2]} = 51.0, \ s^{[2]} = 3.0$$

不知道是屬於母體 [1] 或 [2] 的產品，經簡易檢查時 $x = 47$。可以想出此產品是屬於哪一個母體呢？

　　兩個母體的位置關係如圖 1 所示。將 $x = 47$ 填入圖 1 中，即為●點。此值想成是屬於母體 2（二級品）是妥當的。

　　對於 x 以外的值來說，要如何判別才好呢？求出兩個平均的中點 $\dfrac{36.0 + 51.0}{2} = 43.5$。

如 $x \leq 43.5$ 則屬於母體 [1]，$x > 43.5$ 則屬於母體 [2]，如此的判別大概是可以的。

　　同樣也可計算出 $z = x - 43.5$（判別式），如 $z \leq 0$，則判別屬於母體 [1]，如 $z > 0$，則判別屬於母體 [2]。

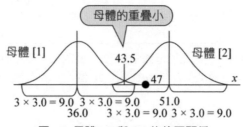

圖 1　母體 [1] 與 [2] 的位置關係

問題 2

使用另一種簡易檢查的方法，收集與表 2 相同形式的數據，計算各母體樣本平均與樣本標準差後得出如下。

$$母體 [1]：\overline{x}^{[1]} = 36.0, s^{[1]} = 3.0$$
$$母體 [2]：\overline{x}^{[2]} = 42.0, s^{[2]} = 3.0$$

不知道是屬於母體 [1] 或 [2] 的產品，經檢查後 $x = 40$。可以想出此產品是屬於哪一個母體嗎？

另外，問題 1 與問題 2 有何不同呢？

與圖 1 一樣畫出圖 2。變異雖與圖 1 的情形相同，但母平均很接近。

母平均的中點是 39.0。如 $x \leq 39.0$ 則判別屬於母體 [1]，如 $x > 39.0$ 則判別屬於母體 [2]。因此，40 可以想成是屬於母體 [2]。

與圖 1 相比，圖 2 中母體的重疊部分較大。40 想成屬於母體 [2] 雖然較為妥切，但屬於母體 [2] 的可能性也有。真正是屬於母體 [1] 卻誤判，也許是屬於母體 [2]。另一方面，在圖 1 中母體的重疊部分幾乎沒有，誤判的機率非常小。

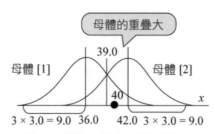

圖 2　母體 [1] 與 [2] 的位置關係

問題 3

試考察表 3 的數據，這是同時考慮兩種檢查方法的情形。與問題 1、問題 2 是不同的檢查。利用表 3 可以導出如下的判別式。

$$z = 1.7x_1 - x_2 + 1.3$$

將表 3 中母體 [1] 的 No.1 與 No.2 的 x_1 與 x_2 之值代入判別式後，所得之值 z 填入表 3 中，這些稱爲判別分數，以此爲參考，將判別分數填入表 3 的 ①、②、③中。又，如 $z \leq 0$，則判別屬於母體 [1]，如 $z > 0$，則判別屬於母體 [2]。將判別結果填入表 3 的 ④、⑤、⑥中。

表 3　判別分析的所需數據

No.	y	x_1	x_2	z	x_p
1	[1]	18	37	−5.1	[1]
2	[1]	20	42	−6.7	[1]
⋮	⋮	⋮	⋮	⋮	⋮
50	[1]	21	36	①	④
1	[2]	27	35	12.2	[2]
2	[2]	29	37	②	⑤
⋮	⋮	⋮	⋮	⋮	⋮
50	[2]	22	31	③	⑥

① 1.0, ② 13.6, ③ 7.7, ④ [2], ⑤ [2], ⑥ [2]。

判別結果 (4) 是屬於 [2]。可是，實際的分類是屬於 [1]，發生誤判。

如表 3 那樣實際的分類已知的狀況，利用判別式進行判別，將實際的分類與判別結果，整理成表 4 的形式，稱此爲判別表。

如果是表 4 所顯示的數值結果時，「眞正是 [1] 卻誤判成 [2]」的比率是 $\frac{2}{50} = 0.04$，「眞正是屬於 [2] 卻誤判屬於 [1]」的比率是 $\frac{1}{50} = 0.02$。

使誤判比率小以導出判別函數。

表 4　判別表

		判別結果		計
		[1]	[2]	
實際的 分　類	[1]	48	2	50
	[2]	1	49	50

3. 略為詳細解說

利用表 3 計算各母體的樣本平均與樣本標準差時即為如下。

$$母體 [1]：\overline{x}_1^{[1]} = 19.0,\ s_1^{[1]} = 2.0;\ \overline{x}_2^{[1]} = 41.0,\ s_2^{[1]} = 3.0$$
$$母體 [2]：\overline{x}_1^{[2]} = 25.0,\ s_1^{[2]} = 2.0;\ \overline{x}_2^{[2]} = 35.0,\ s_2^{[2]} = 3.0$$

另外，按各母體計算 x_1 與 x_2 的相關係數時，成為

$$母體 [1]：r_{12}^{[1]} = 0.85$$
$$母體 [2]：r_{12}^{[2]} = 0.85$$

　　從這些來看兩個母體的狀況可以想成是圖 3，圖 3 是表示利用兩個變數可以適切判別的類型。儘管打算只使用 x_1，或只使用 x_2 來判別，但母體 [1] 與 [2] 的重疊較大，誤判別率變大。可是，同時使用兩個變數，可以進行誤判別率小的判別。

　　這是兩個變數間有相關關係的緣故，此次請看圖 4 的類型。在圖 4 中，檢查 x_2 並非有效判別。此時，去掉 x_2，只使用 x_1 來建構判別函數 $z = b_0 + b_1 x_1$ 是足夠的。

　　判別分析的情形與迴歸分析的情形一樣，進行變數選擇只使用有用的變數來分析。

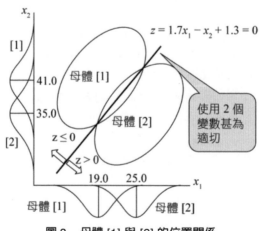

圖 3　母體 [1] 與 [2] 的位置關係

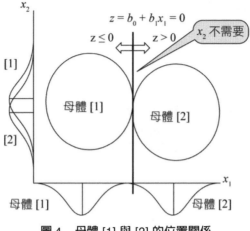

圖 4　母體 [1] 與 [2] 的位置關係

5-4 主成分分析

以少數的變數去解釋多數的變數。

· 以低次元解釋多次元數據（現狀掌握、要因分析）
· 萃取有意義的合成變數（現狀掌握、要因分析）
· 變數的分類（要因分析、對策研擬）
· 樣本的分類（要因分析、對策研擬）

1.基本事項

考察表 1 的數據形式吧。這是針對 p 個量變數 $x_1, x_2, \cdots, x_p$，有 n 組的數據被觀測。與複迴歸分析或判別分析不同的地方是，沒有目的變數功能的變數 y。

表 1 主成分分析的數據形式

No.	x_1	x_2	$\cdots$	x_p
1	x_{11}	x_{12}	$\cdots$	x_{1p}
2	x_{21}	x_{22}	$\cdots$	x_{2p}
$\vdots$	$\vdots$	$\vdots$	$\vdots$	$\vdots$
n	x_{n1}	x_{n2}	$\cdots$	x_{np}

主成分分析是利用表 1 的數據求出如下的合成變數。

$$z_1 = a_0 + a_1 x_1 + a_2 x_2 + \cdots + a_p x_p$$
$$z_2 = b_0 + b_1 x_1 + a_2 x_2 + \cdots + b_p x_p$$
$$z_3 = c_0 + c_1 x_1 + c_2 x_2 + \cdots + c_p x_p$$
$$\vdots$$

這些稱為主成分。z_1 稱為第一主成分，z_2 稱為第二主成分，z_3 稱為第三主成分，$\cdots$。原來的變數如有 p 個時，可以求出至第 p 個主成分。

主成分分析的目的，是以較少數的主成分解釋 p 個變數的資訊。使用第一主成分到第三主成分試著考察。若是如此大小的個數，繪製散佈圖再綜合的解釋是可能的。

使變異數為最大之下，求出第一主成分。其次，與 z_1 無關的前提下，儘可能使變異數最大之下求出第二主成分。第三主成分以下也是一樣。

求出這些主成分的貢獻率，判斷要使用到幾個主成分。第一主成分與第二主成分的貢獻率大是較理想的。

此外，思考這些主成分是表示什麼，有助於樣本或變數的分類。

2. 想想看

問題 1

表 2 是對學生進行實力測驗所得到的數據。

表 2　實力測驗的數據

No.	國語 x_1	英語 x_2	數學 x_3	理科 x_4	z_1	z_2
1	83	80	72	71	23.8	−29.6
2	70	75	80	85	(1)	(3)
⋮	⋮	⋮	⋮	⋮	⋮	⋮
50	90	92	95	90	(2)	(4)

如求出第一主成分與第二主成分時，即爲如下：

$$z_1 = -130 + 0.5x_1 + 0.6x_2 + 0.4x_3 + 0.5x_4$$
$$z_2 = -20 \quad 0.4x_1 - 0.6x_2 + 0.6x_3 + 0.4x_4$$

在 z_1 的右邊，代入 No.1 的 $(x_1, x_2, x_3, x_4) = (83, 80, 72, 71)$，得出 $z_1 = 23.8$。同樣，代入 z_2 的右邊，得出 $z_2 = -29.6$。這些稱爲主成分分數。
以同樣的作法，填入表 2 的 (1)、(2)、(3)、(4)。

(1) 24.5, (2) 53.2, (3) −11.0, (4) −18.2

問題 2

問題 1 所求出的第一主成分 z_1 與第二主成分 z_2 是否適切代表數據呢？要如何評價才好？

主成分由於是當作數據的綜合指標加以活用，因之適切表示數據具有的資訊是最理想的。因此，z_1 與原來的各變數 x_1, x_2, x_3, x_4 之間的相關係數，分別表示成 $r(z_1, x_1)$，$r(z_1, x_2)$，$r(z_1, x_3)$，$r(z_1, x_4)$。這些稱爲因子負荷量。也可以想成使這些值儘可能最大之下求出第一主成分。

對第二主成分 z_2 也一樣。使 z_2 與 x_1, x_2, x_3, x_4 的相關係數 $r(z_2, x_1)$，$r(z_2, x_2)$，$r(z_2, x_3)$，$r(z_2, x_4)$ 儘可能最大，而且與 z_1 無相關之下求出 z_2。

「z_1 與 z_2 成爲無相關」之要求，是基於 z_1 與 z_2 無共同的資訊較容易解釋之觀點。對問題 1 的數據來說，第一主成分 z_1 與第二主成分 z_2 的因子負荷量之值如表 3 所示。由表 3，譬如 $r(z_1, x_1) = 0.77$，$r(z_2, x_1) = -0.44$。

表 3　因子負荷量之值

	x_1	x_2	x_3	x_4
z_1	0.77	0.93	0.62	0.77
z_2	−0.44	−0.66	0.66	0.44

問題 3

問題 1 所表示的第一主成分 z_1 與第二主成分 z_2，是表示數據的哪一面的指標呢？

第一主成分與第二主成分如下所示。

$$z_1 = -130 + 0.5\,x_1 + 0.6\,x_2 + 0.04\,x_3 + 0.5\,x_4$$
$$z_2 = -20 - 0.4\,x_1 - 0.6\,x_2 + 0.6\,x_3 + 0.4\,x_4$$

第一主成分 z_1 的右邊，各變數的係數均為正且在 0.5 前後。亦即，任一科目的分數高，z_1 就會變大，所以第一主成分可以想成是表示「綜合學力」。

第二主成分 z_2 的右邊，國語與英語的係數是正，數學與理科的係數是負。國語或英語的分數高時 z_2 即變小，數學與理科的分數高時 z_2 即變大。因此，z_2 可以想成是表示「文科系、理科系之差異」。從表 3 的因子負荷也可同樣考察。

3. 略為詳細解說

依據問題 1 的例子繼續解說。

第一主成分 $z_1 = a_0 + a_1 x_1 + a_2 x_2 + a_3 x_3 + a_4 x_4$ 的係數 a_0, a_1, a_2, a_3, a_4 是使 z_1 的變異數

$$V_{z_1} = \frac{\sum_{i=1}^{100}(z_{i_1} - \bar{z}_1)^2}{100 - 1}$$

成為最大之下所導出。第二主成分是 z_2 與 z_1 的相關係數成為 0 之下，使 z_2 的變異數 V_{z_2} 成為最大之下所導出。第三主成分以下也是一樣。原本的變數個數有幾個，即可求出同等個數的主成分。此時，就原本的變數 x_1, x_2, x_3, x_4 與所求出的四個主成分 z_1, z_2, z_3, z_4 的各個變異數來說下式是成立的。

$$V_{x_1} + V_{x_2} + V_{x_3} + V_{x_4} = V_{z_1} + V_{z_2} + V_{z_3} + V_{z_4}$$

上式的左邊是原來的變數的變異數之和。右邊是主成分的變異數之和，在它們的變異數成為

$$V_{z_1} \geq V_{z_2} \geq V_{z_3} \geq V_{z_4}$$

之下求出主成分。

如果 $V_{z_3} \doteqdot 0$，$V_{z_4} \doteqdot 0$ 時，則

$$V_{z_1} + V_{z_2} + V_{z_3} + V_{z_4} \doteqdot V_{z_1} + V_{z_2}$$

是成立的。此式意指原來的數據的變異總和幾乎可以用兩個主成分的變異來表示。亦即，四次元的數據能以二次元解說。

第一主成分的貢獻率與第二主成分的貢獻率是以下式定義。

$$\frac{V_{z_1}}{V_{z_1} + V_{z_2} + V_{z_3} + V_{z_4}}, \quad \frac{V_{z_2}}{V_{z_1} + V_{z_2} + V_{z_3} + V_{z_4}}$$

另外，

$$\frac{V_{z_1} + V_{z_2}}{V_{z_1} + V_{z_2} + V_{z_3} + V_{z_4}}$$

稱為至第二主成分為止的累積貢獻率。

主成分的指標經常使用累積貢獻率至 80% 為止。以較少的主成分即可達成 80% 以上的累積貢獻率時，可以認為主成分分析是成功的。

就問題 1 的數據來說，第一主成分的貢獻率是 60%，第二主成分的貢獻率是 30%，至第二主成分為止的累積貢獻率是 90%。亦即，四次元的數據幾乎能以二次元來說明。將表 2 所表示的兩個主成分分數 (z_1, z_2) 如圖 1 表示在散佈圖上。

此散佈圖是 No.1 到 No.100 的學生所描的點圖。圖 1 中被描點在領域 I 的學生，z_1 的值大，z_2 的值接近 0，綜合來說是任一科目均行的學生群。屬於領域 II 的學生，綜合來說是優秀的，特別是理科系科目優秀的學生群。屬於領域 III 的學生，綜合來說是優秀的，特別是文科系科目優秀的學生群。

像這樣，將主成分分數畫在散佈圖上，將樣本加上特徵即可分類。

也考察變數的分類吧。將表 3 所示的因子負荷量畫在散佈圖時即為圖 2。此時，被描點的是四個變數 x_1, x_2, x_3, x_4。因此，可以將四個變數分為 (x_1, x_2) 與 (x_3, x_4) 的兩個群。

當原來的變數間有適度的相關關係時，主成分分析是成功的，變數間的相關關係低時，原來的變數幾乎是具有獨立的資訊，因之無法以較少個數的主成分來說明它。

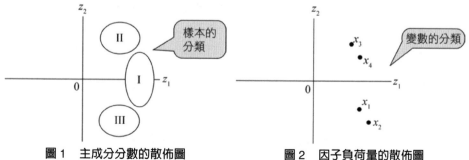

圖 1　主成分分數的散佈圖　　　圖 2　因子負荷量的散佈圖

5-5 集群分析

集群分析也是一種多變量分析程序,其目的在於將資料分成幾個相異性最大的群組,而群組間的相似程度最高。研究者如果認為觀察值並非全部同質,在資料探索分析方面,集群分析是一個非常有用的技巧。由於集群分析時,使用之分析方法不同,結果便有所不同,不同研究者對同一觀察值進行集群分析時,所決定的集群數也未必一致,因而集群分析較偏向於探索性分析方法,在研究應用上,常與判別分析一起使用。

1.基本事項

集群分析意義的圖示如下:左邊方框為所有觀察體的分布情形,零散而沒有意義,經由觀察體某些相似的變項性質,將具有類似性質的觀察體合併為一個集群,形成少數有意義而具有某種共同性質的群體。集群分析後,各群組中的觀察值具有最大相似性、各集群間具有最大的相異性。

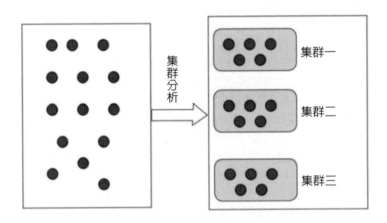

集群分析是一種精簡資料的方法,依據樣本之間的共同屬性,將比較相似的樣本聚集在一起,形成集群(cluster)。通常以距離作為分類的依據,相對距離愈近,相似程度愈高,分群之後可以使得群內差異小、群間差異大。

判別分析:將事先已分類好的觀察值,選取有分類效果的樣本,求出其判別函數,再將觀察值進行適當分類。

集群分析:不需事先將觀察值分類,直接以觀察值的屬性進行分析。

2.想想看

集群分析不需要任何的前提假設。通常被用於在較大或較雜亂的資料群組裡,產生由有相似特徵的資料單元組成的小型集群。當需要從要處理資料集群裡,可能來自某一次觀測的大筆或大量的變數群,並設法找出其相互關係的時候,集群分析是一種很有效的方法。

問題 1

以教育程度及所得二個變項為例，六個樣本觀察值的假設資料如下，試以散佈圖加以整理。

個人代號	所得（千元）	教育程度（年數）
S1	5	5
S2	6	6
S3	15	14
S4	16	15
S5	25	20
S6	30	19

　　上表數據依所得及教育程度二個變項繪製之散佈圖如下，由二維空間之散佈圖中可以看出：代號 S1 與代號 S2 為同一群組、代號 S3 與代號 S4 為同一群組、代號 S5 與代號 S6 為同一群組。集群成員 {S5、S6} 的所得最高、教育程度的年數也最長；集群成員 {S1、S2} 的所得最低、教育程度的年數也最短。

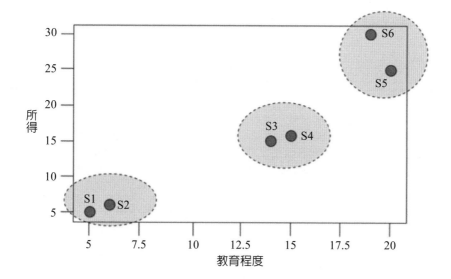

問題2

某企業組織受訓之二十八位學員的「學習動機」與「學習表現」二個變項來看，二十八名學員測得的數據如下。試根據「學習動機」與「學習表現」二個變數測量值，繪製散佈圖。

編號	學習動機	學習表現	編號	學習動機	學習表現
S1	10	2	S15	6	8
S2	10	8	S16	3	3
S3	8	9	S17	2	2
S4	9	10	S18	1	4
S5	8	10	S19	6	7
S6	5	5	S20	7	6
S7	1	3	S21	1	9
S8	2	2	S22	2	10
S9	3	1	S23	9	9
S10	6	6	S24	5	6
S11	3	9	S25	9	2
S12	2	8	S26	10	1
S13	1	10	S27	8	2
S14	10	10	S28	9	1

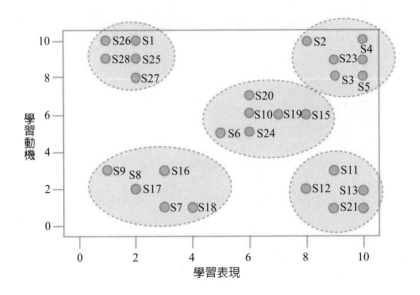

從上面的散佈圖可以明顯看出，二十八名學員大致可以分為五個群組：群組 [1] 為學習動機低，學習表現也低者為 {S7、S8、S9、S16、S17、S18}；群組 [2] 為學習動機低，但學習表現高者為 {S11、S12、S13、S21、S22}；群組 [3] 為學習動機高，但學習表現低者為 {S1、S25、S26、S27、S28}；群組 [4] 為學習動機高，且學習表現也高者為 {S2、S3、S4、S5、S14、S23}；群組 [5] 為學習動機普通，且學習表現中等者為 {S6、S10、S15、S19、S20、S24}。

3. 略為詳細解說

集群分析方法主要有二種，一為「階層式集群分析法」（Hierarchical Cluster Analysis），二為「非階層式集群分析法」，非階層式集群分析法最常使用者為「K 組平均法（K-Means 集群分析法），如果觀察值的個數較多或資料檔非常龐大（通常觀察值在 200 個以上），以採用「K-Means 集群分析法」較為適宜，如果觀察值樣本不大，則採用「階層式集群分析法」較為適宜。

集群方法有如下幾種：

(1) Mincovsky 距離

兩點 A, B 的座標為

$$A = (x_1, x_2 \cdots, x_n), B = (y_1, y_2, \cdots y_n) \text{ 則}$$

$$d(A,B) = \left\{ \sum_{i=1}^{n} |x_i - y_i|^p \right\}^{\frac{1}{p}}$$

稱為 Mincovsky 距離。

(2) $p = 2$ 時，稱為 Euclid 距離。

(3) Ward 法

將集群間的類似度由小的一方逐次去統合的方法。

(4) Maharanobis's 距離

$$D^2(x, y) = \begin{bmatrix} x - \bar{x} & y - \bar{y} \end{bmatrix} \begin{bmatrix} s_1^2 & s_{12} \\ s_{21} & s_2^2 \end{bmatrix}^{-1} \begin{bmatrix} x - \bar{x} \\ y - \bar{y} \end{bmatrix}$$

問題 3

以下的數據，是有關歐洲 11 個國家的愛滋病人數與新聞的發行份數。
使用愛滋病人數（每十萬人）與新聞發行份數（每 100 人）的 2 個觀測變數，試
將歐洲各國分類看看。

表 1 具有對愛滋病的正確知識

NO.	國名	愛滋病	新聞份數
1	澳洲	6.6	35.8
2	祕魯	8.4	22.1
3	法國	24.2	19.1
4	德國	10.0	34.4
5	義大利	14.5	9.9
6	荷蘭	12.2	31.1
7	挪威	4.8	53.0
8	西班牙	19.8	7.5
9	瑞典	6.1	53.4
10	瑞士	26.8	50.0
11	英國	7.4	42.1

小提醒

　　有一句俗話說，「物以類聚」，但是在行銷資料的世界裡，
如果沒有人為的處理，性質相同的資料還是不會類聚。我們總
要把類似的資料儘量排在一起，才能找到共同的端倪。而「集
群分析」正是一種精簡資料的方法，依據樣本之間的共同屬性，
將比較相似的樣本聚集在一起，形成集群（cluster）。
　　從視覺化的觀點來看，如果每一筆資料在縱橫座標軸上，是
一個點。那麼通常以距離作為分類的依據，相對距離愈近，相
似程度愈高，資料分群之後可以使得群內差異小、群間差異大。
　　換句話說，集群分析（Cluster Analysis）的目標，是將樣
本分為不同的數個組，以使各組內的同質性最大化，以及各組
之間的異質性最大化。這樣的概念，與市場區隔裡的「組內同
質、組間異質」，不是很類似嗎？學者邁爾斯（Myers）與陶伯
（Tauber）就發現，在市場區隔技術方面，集群分析優於因素
分析。

使用 SPSS 統計軟體分析的結果如下：

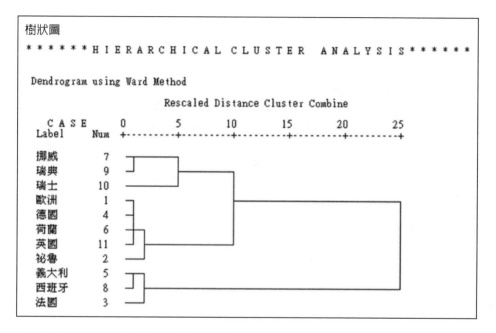

　　顯示一個樹狀圖。您可以使用樹狀圖評估格式化集群的內聚性，並可取得關於適當集群個數的資訊。

　　看此樹狀圖就能清楚了解集群被構成的順序。

5-6 因素分析

　　1927 年 Spearman 首先創立因素分析（Factor Analysis）。因素分析是一種數學方式的精簡作法，能將眾多的變數濃縮成為較少的幾個精簡變數。所獲得的精簡變數即是因素（Factor）。進行因素分析時，Gorsuch（1983）提出 (1) 試題與受訪者的比例最好為 1：5，(2) 受訪者總數不得少於 100 人。

1. 基本事項

　　因素分析目的在獲得量表在檢定測驗時的「建構效度」（Construct Validity），利用因素分析抽取變項之間的共同因素（Common Factor），以較少的構面（因素）代表原來較複雜的多變項結構。

　　因素分析假設個體在變數上之得分，分為兩個部分組成，一是各變數共有的成分，即共同因素或潛在因素（Latent Factor）；另一個是各變數獨有的成分，即獨特因素（Unique Factor）。共同因素可能是一個、兩個或數個，若每個受試者有 M 個變數分數，由於每個變數均有一個獨特因素，故有 M 個獨特因素，但共同因素的數目 N，通常少於變數的個數（N $\leq$ M），因素分析就是要抽取出此共同因素或潛在因素。

　　因素分析的步驟如下：

(1) 計算各變數之間的積差相關係數，組成一個相關係數矩陣，估算共同性（Communality）。

(2) 因素選取方法的選擇：選取特徵值（Eigen Value）大於 1 的因素。

(3) 因素軸的旋轉：因素轉軸可分為直交旋轉法與斜交旋轉法兩種。

(4) 結果的解釋：因素之命名是由此因素包含哪些重要變數來決定。基本上都需要有學理的根據，或依據在該一共同因素上負荷量較大的變數（題項）。

2. 想想看

被觀測的 p 變量數據（平均 0，標準差 1）表示如下：

個體 ＼ 變量	z_1	z_2	$\cdots$	z_p
1	z_{11}	z_{21}		z_{p1}
2	z_{12}	z_{22}		z_{p2}
3	z_{13}	z_{23}	$\cdots$	z_{p3}
:	:	:		:
:	:	:		:
n	z_{1n}	z_{2n}		z_{pn}

為了說明 p 個變量 $z_1, \cdots, z_p$ 間的相關，假定想成 m 個因素的模式。

$$\begin{cases} z_{1i} = a_{11}f_{1i} + \cdots + a_{1m}f_{mi} + e_{1i} \\ \vdots \\ z_{pi} = a_{pi}f_{1i} + \cdots + a_{pm}f_{mi} + e_{pi} \end{cases} \quad (i = 1, 2, \cdots, n)$$

a_{jk} 表示因素 f_k 對變量 z_j 可以解釋多少的**因素負荷量**。

f_{ki} 表共同因素 f_k 對個體 i 的因素分數。

e_{ji} 表變量 z_j 的既有的變動之獨特因素的分數。

共同因素 f_k 假定是平均 0，變異數 1。

獨特因素 e_i 假定是平均 0，變異數 d_j^2。

$$V(z_j) = V(a_{j1}f_1 + a_{j2}f_2 + \cdots + a_{jm}f_m + e_j) = a_{j1}^2 + \cdots + a_{jm}^2 + d_j^2$$

$a_{j1}^2 + \cdots + a_{jm}^2 = 1 - d_j^2$ 稱為**共同性**，指 z_j 的變異數中可以被共同因素說明的部分。

3. 略為詳細說明

問題 1

以下是收集 50 位學生的 5 科目，即國語、社會、數學、理科、英語的成績。

ID	國語	社會	數學	理科	英語
1	52	58	62	36	31
2	49	69	83	51	45
⋮	⋮	⋮	⋮	⋮	⋮
50	39	51	62	53	24

　　將 5 科考試分數利用因素分析，可以找出 2 個因素，分別為「文科能力因素」與「理科能力因素」時，此即假定此種的 2 個潛在因素對測量變數，即 5 科考試分數會造成影響。

　　在 5 科之中，試舉出數學的分數來看吧。對數學的分數來說，文科能力與理科能力均有影響，當然理科能力較具影響吧！

　　事實上此文科能力與理科能力對任一科目均是有影響的因素，稱之為共同因素。

　　另外，對數學這一科目而言，像數學獨自的困難性或激勵等，具有「只」對數學影響之因素，此因素稱為獨特因素。

　　要注意共通因素與獨特因素，均是無法直接觀察的「潛在性因素」。

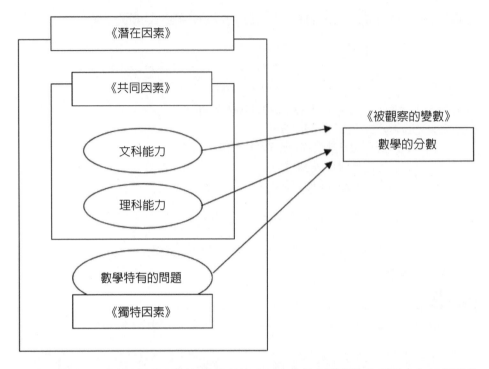

　　對於我們可以直接了解的觀測變數的數據來說，它是與潛在的共通因素與獨自因素有關。並且，共通因素可以設想有數個。探討此種共通因素即為因素分析的目的。

　　一般所謂的因素是指共通因素。並且，因素分析中獨特因素是當作誤差來接受處理。

問題 2

觀察 20 位小學生，從「外向性」、「社交性」、「積極性」、「知識性」、「信賴性」、「正直性」6 個觀點分別評定小學生。對以下數據進行因素分析，試著找出 2 個因素。

號碼	外向性	社交性	積極性	知識性	信賴性	正直性
1	3	4	4	5	4	4
2	6	6	7	8	7	7
3	6	5	7	5	5	6
4	6	7	5	4	6	5
5	5	7	6	5	5	5
6	4	5	5	5	6	6
7	6	6	7	6	4	4
8	5	5	4	5	5	6
9	6	6	6	7	7	6

號碼	外向性	社交性	積極性	知識性	信賴性	正直性
10	6	5	6	6	5	5
11	5	4	4	5	5	5
12	5	5	6	5	4	5
13	6	6	5	5	6	5
14	5	5	4	4	5	3
15	5	6	4	5	6	6
16	6	6	6	4	4	5
17	4	4	3	6	5	6
18	6	6	7	4	5	5
19	5	3	4	3	5	4
20	4	6	6	3	5	4

一般進行因素分析時，常使用專業軟體，此處以 SPSS 執行的結果來說明。

(1)相關矩陣

請先仔細觀察各個相關係數是多少。外向性、社交性、積極性相互之間的相關係數，以及知識性、信賴性、正直性的相互之間的相關係數比其他的組合的值還大。

相關性矩陣

		外向性	社交性	積極性	知識性	信賴性	正直性
相關性	外向性	1.000	.487	.597	.242	.276	.219
	社交性	.487	1.000	.558	.125	.317	.173
	積極性	.597	.558	1.000	.241	.037	.147
	知識性	.242	.125	.241	1.000	.436	.627
	信賴性	.276	.317	.037	.436	1.000	.584
	正直性	.219	.173	.147	.627	.584	1.000
顯著性（單尾）	外向性		.015	.003	.152	.119	.177
	社交性	.015		.005	.300	.087	.233
	積極性	.003	.005		.153	.438	.269
	知識性	.152	.300	.153		.027	.002
	信賴性	.119	.087	.438	.027		.003
	正直性	.177	.233	.269	.002	.003	

(2)共通性

共同性

	初始	擷取
外向性	.432	.536
社交性	.434	.456
積極性	.532	.695
知識性	.440	.459
信賴性	.471	.443
正直性	.513	.816

擷取方法：主軸因子法。

- 因素分析是為了探討「共通因素」而進行。
- 所謂共同性是針對各測量值，表示以共同因素可以說明的部分有多少的一種指標。雖輸出有「初始」與「擷取」後的共同性，但進行 Varimax 旋轉等之旋轉時，最好要觀察因素「擷取」後。
- 共通性原則上最大值是 1（不是如此的情形也有）。
- 從 1 減去共同性之值即為「獨特性」。此次的數據，外向性的獨特性是 1 − 0.536 = 0.464。
- 顯示共同性較大之值的測量值（此處各科目），即為受到共同因素較大的影響（獨特因素的影響較小），相反地，顯示較小之值的測量值是不太受到來自共通因素的影響（獨特因素的影響較大）。

(3)特徵值

解說總變異量

因子	初始固有值			擷取平方和負荷量			旋轉平方和負荷量		
	總計	變異的 %	累加 %	總計	變異的 %	累加 %	總計	變異的 %	累加 %
1	2.691	44.853	44.853	2.269	37.813	37.813	1.730	28.837	28.837
2	1.521	25.358	70.211	1.136	18.928	56.740	1.674	27.904	56.740
3	.715	11.909	82.119						
4	.482	8.036	90.156						
5	.334	5.567	95.723						
6	.257	4.277	100.000						

擷取方法：主軸因子法。

特徵值是各因素所顯示之值。

- 特徵值只輸出變數的個數（此處是處理 5 個變數，故輸出至 5 個為止）。
- 實際上 1 個項目對應 1 個因素的分析是不進行的（假定潛在因素的意義即消失）。
- 特徵值是從最大的逐漸變小。

決定因素數時，要觀察初始特徵值之值。

- 特徵值之值愈大，意謂該因素與分析所用的變數群之關係愈強。這也可以想成變數群對該因素的貢獻率高。
- 特徵值小的因素，意謂與變數之關係並不太有。
- 特徵值是判斷有可能存在幾個因素的指標。雖然是粗略但可以想像，特徵值如果是 1 以上時，至少 1 個測量值是受到該因素的影響。

(4) 進行因素的解釋時，要觀察旋轉後的「**旋轉因子矩陣**」。

旋轉因子矩陣 [a]

	因子	
	1	2
外向性	.204	.703
社交性	.156	.657
積極性	.051	.832
知識性	.658	.163
信賴性	.648	.151
正直性	.900	.082

擷取方法：主軸因子法。

轉軸方法：使用 Kaiser 正規化的最大變異法。

a. 在 3 反覆運算中收斂旋轉。

以 **0.35** 或 **0.40** 左右的因素負荷量作為基準，解釋因素是經常所採行的。

此時，第 1 因素中，「知識性」、「信賴性」、「正直性」的因素負荷量較高。又第 2 因素中「外向性」、「社交性」、「積極性」的因素負荷量較高。第 1 因素可以解釋為「知識能力」，而第 2 因素解釋為「對人關係能力」吧。

知識補充站

統計品管學家小傳：費雪

費雪（Ronald Aylmer Fisher）是 20 世紀初期的一位著名統計學家，他對於統計學的貢獻不計其數，奠定了近代統計學蓬勃發展的基石。但就如同歷史上這些被譽為天才的人像是貝多芬、梵谷，在其身心的某方面都有缺陷。費雪小時候體弱多病，同時又有眼疾。醫生為了保護受損的眼睛，禁止他在人工燈源底下閱讀。他很小就接觸過數學與天文學，並在六歲時對天文學著迷。他由於在數學方面有極高的天賦而獲准進入當時非常有名的哈羅公學就讀。但是他不能在電燈底下上課，學校老師只好在傍晚的時候教他，而且還不能使用紙、筆等的視覺輔助工具。在這樣的情況下，費雪從小就培養出異於常人的幾何概念與邏輯思考速度。也因此在未來的日子裡，他能夠藉由這非凡的幾何抽象思考解決許多極端複雜的數理統計問題。而這些解法對費雪而言是如同一加一等於二這樣地自然、明顯，以致於他不知道該如何解釋好讓別人能夠理解。但這所謂的「明顯的解法」實際上往往需要花上其他數學家幾個月甚至幾年的時間才能推導證明。

這裡就有一件真實的例子，在費雪就讀劍橋大學的期間，他的名字被刊登在 Biometrika 期刊上。因此，他遇見了皮爾遜。皮爾遜這時剛好有一個困難的數理問題（判定高爾登相關係數的統計分配）無法解決，於是他就把這個問題讓費雪知道。費雪帶著這個問題離開不到一個星期後，他藉由幾何公式的運算解決這問題並將完整的解答投稿給 Biometrika 期刊。但皮爾遜看不懂這篇論文的內容，並把這篇論文轉給另一位統計學家戈斯特，不過他也不太能理解費雪所寫的理論推導。當時皮爾遜已經知道如何在幾何特例中求得答案的方法，只是這方法需要大量的計算。於是他要求生物統計實驗室底下的人員將這些特例中的答案計算出來，發現每一個答案都跟費雪的結果完全一致。但是皮爾遜卻沒有將費雪寫的這篇論文發表在 Biometrika 期刊上，反而要求費雪修改論文，將這理論結果能適用的一般性降低。結果拖了一年，皮爾遜將底下那些稱為「計算機」的助理人員經過龐大計算量所得到的結果整理成統計表格，連同費雪的理論一起發表。但是在一大篇充滿統計表格的論文當中，費雪的理論結果只被標註在不起眼的註腳裡頭。自此之後，費雪就再也沒有在 Biometrika 期刊上發表過任何的論文，既使 Biometrika 期刊是當時被譽為最頂尖的生物統計學期刊。反而常常將結果發表在一些與統計完全沒關係的名不見經傳小期刊裡，根據一些認識費雪的朋友敘述，這是因為皮爾遜連同學界朋友要封殺費雪，將他逐出主流的數學與統計學領域中。不過也有人說是因為費雪受不了皮爾遜傲慢態度的關係。

故事發生在 1920 年代的劍橋大學，某天風和日麗的下午，一群人優閒地享受下午茶時光。就如同往常一樣準備沖泡奶茶的時候，這時有位女士說：「沖泡的順序對於奶茶的風味影響很大。先把茶加進牛奶裡，與先把牛奶加進茶裡，這兩種沖泡方式所泡出的奶茶口味截然不同。」當時大家聽起來都會覺得這是件不可思議的事情，這兩種沖泡方式最後當然都是泡出奶茶，怎麼可能會有風味的差異呢？突然有位紳士靠過來說：「我們做實驗來檢定這個假設吧。」於是一群人就熱心幫忙準備實驗，實驗中準備了許多杯奶茶，有些是先放茶再加牛奶，有些先放牛奶再加茶，並將這些奶茶隨機排序讓這位女士品茗。在設計實驗時，為了避免許多不相關的因素影響這位女士的口味辨別，還需要將茶和牛奶充分混合的時間、泡茶的時間及水的溫度管制一樣等等。據說後來的實驗結果，這位女士真的能分辨出每一杯茶，且完全答對，結論就是下午茶的調製順序對風味有很大的影響。

這個故事到這就告一段落了，而那位紳士就是費雪，後來他寫了統計學偉大的巨作《實驗設計》。像這樣從一開始的假設、到設計實驗、分析實驗結果、最後下結論，這整個過程正是統計分析的精髓。

第6章
田口方法

6-1 田口式實驗計畫法

以變異與平均的雙方作為對象。

> · 有意地使產品的使用環境大幅變動，有意地讓變異發生後再檢討（對策研擬）
> · 定義適切的 *SN* 比再評價（對策研擬）
> · 發現 *SN* 比大的控制因子與水準的選擇（對策研擬）

1.基本事項

考察讓特性在變異小的狀態下達成理想之值。

田口式實驗計畫法的參數設計中，所探討的特性可以分類為靜態特性與動態特性。

靜態特性是具有目標值（包含∞與 0）的特性。希望大的值的特性稱為望大特性，希望小的值的特性稱為望小特性，希望接近目標值的特性稱為望目特性。

動態特性是指輸出值依輸入而變化時的輸出。譬如，考察體重計吧。不管是承載多少體重的人必須要能顯示正確的體重才行。換言之，輸入改變時，隨之要能輸出適切之值。

參數設計是大幅變動顧客在使用環境中的誤差，且使特性的變異故意增大，將其大小以 *SN* 比（Signal-to-Noise Ratio）來評估。接著，選出使 *SN* 比大（使變異小）的控制因子與其水準。

SN 比的定義依特性的種類而有不同。

本節與下一節是說明靜態特性中望目特性的情形。望目特性的 *SN* 比以下式定義。

$$\text{望目特性的 } SN \text{ 比}：\eta = 10\log_{10}\frac{\mu^2}{\sigma^2} \text{（decibel）}$$

η 讀成 ita。對數是常用對數。μ^2 是信號，σ^2 是雜音。信號大以及雜音小，則 *SN* 比即變大。

從數據 $x_1, x_2, \cdots, x_n$ 如下估計 η。

$$\hat{\eta} = 10\log_{10}\frac{\hat{\mu}^2}{\hat{\sigma}^2} = 10\log_{10}\frac{\overline{x}^2}{V}$$

$\overline{x}$ 是樣本平均，V 是樣本變異數，

2. 想想看

問題 1

將因子 A 分配 3 水準進行實驗，得出電壓值的數據。數據表示在表 1 及圖 1 中，表 1 的數據是顧客在所使用的標準溫度條件（15℃）下所觀測的。

表 1　數據

A_1	12,	14,	13
A_2	16,	15,	14
A_3	15,	14,	13

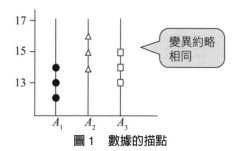

圖 1　數據的描點

如果將各水準的 3 個數據，每一個以如下的條件

$$N_1 : 0℃，N_2 : 15℃，N_3 : 30℃$$

觀測時，數據會變成如何？

　　表 1 的數據是在相同的溫度條件（15℃）下所觀測的。因此，並無因溫度條件之不同而有變異。

　　相對地，設問的設定，是有意地在現實的範圍內增大變動顧客的使用條件（溼度）再收集數據，譬如，得出如表 2 的數據吧。

　　N 是指雜音之意，將 N 稱為誤差因子。將表 2 的數據表示在圖 2 中。如圖 2 所示，可以認為各水準內受溫度的影響，比圖 1 所示的數據有更大的變動。

表 2　數據

	N_1	N_2	N_3
A_1	11,	13,	15
A_2	12,	15,	18
A_3	13,	14,	18

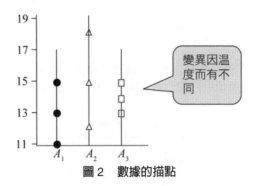

圖2　數據的描點

問題2

利用表2的數據，如求出在 A_1 與 A_2 的各水準中的 SN 比的估計值 $\hat{\eta}_1$ 與 $\hat{\eta}_2$ 時，即爲如下：

$$A_1 : \bar{x}_1 = \frac{11+13+15}{3} = 13$$

$$V_1 = \frac{(11-13)^2 + (13-13)^2 + (15-13)^2}{3-1} = 4$$

$$\hat{\eta}_1 = 10\log_{10}\frac{13^2}{4} = 16.3$$

$$A_2 : \bar{x}_2 = \frac{12+15+18}{3} = 15$$

$$V_2 = \frac{(12-15)^2 + (15-15)^2 + (18-15)^2}{3-1} = 9$$

$$\hat{\eta}_2 = 10\log_{10}\frac{15^2}{9} = 14.0$$

同樣，試求 A_3 水準的 $\hat{\eta}_3$。

$$A_3 : \bar{x}_3 = \frac{13+14+15}{3} = 14$$

$$V_3 = \frac{(13-14)^2 + (14-14)^2 + (15-14)^2}{3-1} = 1$$

$$\hat{\eta}_3 = 10\log_{10}\frac{14^2}{1} = 22.9$$

A_3 水準的 SN 比是最大的。亦即，如考慮顧客即使在標準條件外使用時，A_3 水準的變異變得最小。

問題 3

問題 1 與問題 2 的電壓值是望目特性，目標值是 16.0。由問題 2 知 A_3 水準的 SN 比最大，如觀察圖 2 時，卻未達到目標的 16.0。另一方面，如果是 A_2 水準時，平均而言是接近目標 16.0，但變異非常地大。

今後，要如何著手解決才好呢？

　首先，設定在 A_3 水準，其次尋找與 A 不同的因子，再試著調整它的水準使平均值接近目標值，此種因子稱為調整因子。調整因子是讓它的水準改變時，必須是只有平均改變，對 SN 比沒有影響才行。

3. 略為評細解說

　設計者的常識對顧客是無法通用的。不管顧客在何種狀況下使用，產品有需要如期望地發揮機能。此種性質稱為穩健性（Robustness）。在問題 1 中，列舉溫度當作誤差因子，且有甚大的變動，誤差因子並不只限於溫度。以顧客的使用環境來說，列舉可以想到的各種要因，將它們適切組合，製作「特性變低的條件 N_1」與「特性變高的條件 N_2」。將此稱為誤差因子的調合。

　發現 SN 比大的因子與水準，再發現對 SN 比並無影響，只影響平均的調整因子，不是很可行的嗎？

　田口方法中有一個指引即「要選擇複雜的系統」。複雜的系統存在有甚多的控制因子（參數），在這些之中有可能包含著要作為目的的控制因子。

　有如尋寶。可是，並非盲目地尋寶，而是列舉許多的控制因子（參數）配置在直交表上有效率地尋寶。參數設計的具體方法於下節解說。

6-2 參數設計

有意地讓變異發生再去縮小它。

· 望目特性是使用 SN 比與敏感度的二階段設計
· 讓產品的使用環境大幅變動，有意地使變異發生再檢討（對策研擬）
· 發現製造穩健產品的控制因子與水準的選擇（對策研擬）

1. 基本事項

今說明在靜態特性中望目特性的參數設計。望目特性的 SN 比的定義如下式所示。

$$望目特性的\ SN\ 比：\eta = 10\log_{10}\frac{\mu^2}{\sigma^2}\ (\text{decibel})$$

由數據 $x_1, x_2, \cdots, x_n$ 如下估計 $\hat{\eta}$。

$$\hat{\eta} = 10\log_{10}\frac{\hat{\mu}^2}{\hat{\sigma}^2} = 10\log\frac{\overline{x}^2}{V}$$

參數設計並不重視控制因子（參數）間的交互作用。即使有交互作用，認為只要找出遠勝於它的主效果即可。交互作用是不組合看看時，即不得而知的效果。追求此種效果是無法有效率地從事開發式設計。

因此，使用交互作用不出現在特定行的直交表，如 L_{12}, L_{18}, L_{36} 等。這些直交表與4-4 節所述的直交表是不同的。

將因子的配置在直交表進行實驗，將各個 No. 的誤差因子調合成 N_1, N_2 再設定，有意地形成變異，再計算 SN 比與平均。

首先，使 SN 比變大，其次讓特性調整成目標值，實施此種的二階段設計。

2. 想想看

問題 1

列舉 8 個因子 $A, B, C, D, E, F, G, H, I$，如表 1 配置在 L_{12} 直交表上，如 No.1 與 No.2 的實驗的水準組合變成如何呢？

表 1　配置在 L_{12}

No.	A [1]	B [2]	C [3]	D [4]	E [5]	F [6]	G [7]	H [8]	I [9]	[10]	[11]	數據 N_1	數據 N_2	$\hat{\eta}$	$\overline{x}$
1	1	1	1	1	1	1	1	1	1	1	1	2	3	11.0	2.5
2	1	1	1	1	1	2	2	2	2	2	2	5	10	6.5	7.5

No.	A	B	C	D	E	F	G	H	I			數據		$\hat{\eta}$	$\bar{x}$
	[1]	[2]	[3]	[4]	[5]	[6]	[7]	[8]	[9]	[10]	[11]	N_1	N_2		
3	1	1	2	2	2	1	1	1	2	2	2	2	4	6.5	3.0
4	1	2	1	2	2	1	2	2	1	1	2	4	6	11.0	5.0
5	1	2	2	2	2	2	1	2	1	2	1	8	11	13.0	9.5
6	1	2	2	1	1	2	2	1	2	1	1	6	9	11.0	7.5
7	2	1	2	1	1	1	2	2	1	2	1	7	9	15.1	8.0
8	2	1	2	2	2	2	2	1	1	1	2	13	17	14.5	15.0
9	2	1	1	2	2	2	1	2	2	1	1	11	15	13.2	13.0
10	2	2	2	1	1	1	1	2	2	1	2	10	12	17.8	11.0
11	2	2	1	1	1	1	2	1	1	2	2	16	20	16.1	18.0
12	2	2	1	2	2	1	2	1	2	2	1	9	12	13.9	10.5

$$\text{No.1：} A_1B_1C_1D_1E_1F_1G_1H_1I_1 \text{，No.2：} A_1B_1C_1D_1E_1F_1G_2H_2I_2$$

像這樣，各 No. 中因子的水準組合即可決定，以各 No. 進行實驗，製造產品。所製造的產品在 N_1 與 N_2 的條件下收集數據。No.1 與 No.2 的數據如下。

$$\text{No.1：2, 3} \qquad \text{No.2：5, 10}$$

問題 2

按各 No. 求出平均與變異數，再計算 SN 比。譬如，就 No.1 的數據計算時即為如下。

$$\text{No.1：} \bar{x}_1 = \frac{2+3}{2} = 2.5$$

$$V_1 = \frac{(2-2.5)^2 + (3-2.5)^2}{2-1} = 0.5$$

$$\hat{\eta}_1 = 10\log_{10}\frac{2.5^2}{0.5} = 11.0$$

試就 No.2 的數據，同樣計算看看。

$$\text{No.2：} \bar{x}_2 = \frac{5+10}{2} = 7.5$$

$$V_2 = \frac{(5-7.5)^2 + (10-7.5)^2}{2-1} = 12.5$$

$$\hat{\eta}_2 = 10\log_{10}\frac{7.5^2}{12.5} = 6.5$$

問題 3

按各因子的各水準求出「SN 比的平均」與「樣本平均的平均」。譬如，A_1 是以 No.1~6，A_2 是以 No.7~12 進行實驗，A_1 與 A_2 各自的「SN 比的平均」如下求出。

$$\bar{\hat{\eta}}_{A_1} = \frac{\text{No.1} + \text{No.2} + \text{No.3} + \text{No.4} + \text{No.5} + \text{No.6}}{6}$$

$$= \frac{11.0 + 6.5 + 6.5 + 11.0 + 13.0 + 11.0}{6} = 9.8$$

$$\bar{\hat{\eta}}_{A_2} = \frac{\text{No.7} + \text{No.8} + \text{No.9} + \text{No.10} + \text{No.11} + \text{No.12}}{6}$$

$$= \frac{15.1 + 14.5 + 13.2 + 17.8 + 16.1 + 13.9}{6} = 15.1$$

同樣的想法，試求 A_1 與 A_2 的各自的「樣本平均的平均」。

$$\bar{\bar{x}}_{A_1} = \frac{\text{No.1} + \text{No.2} + \text{No.3} + \text{No.4} + \text{No.5} + \text{No.6}}{6}$$

$$= \frac{2.5 + 7.5 + 3.0 + 5.0 + 9.5 + 7.5}{6} = 5.8$$

$$\bar{\bar{x}}_{A_2} = \frac{\text{No.7} + \text{No.8} + \text{No.9} + \text{No.10} + \text{No.11} + \text{No.12}}{6}$$

$$= \frac{8.0 + 15.0 + 13.0 + 11.0 + 18.0 + 10.5}{6} = 12.6$$

同樣，對其他的因子也可按各水準求出「SN 比的平均」與「樣本平均的平均」。將其結果表示在表 2 與表 3 中，並作成圖 1 與圖 2。

表 2　各因子的各水準的 SN 比的平均

	A	B	C	D	F	G	H	I
1	9.8	11.1	11.9	12.8	12.9	12.5	12.9	12.2
2	15.1	13.8	13.0	12.1	12.0	12.4	12.0	12.8

表3　各因子的各水準的樣本平均的平均

	A	*B*	*C*	*D*	*F*	*G*	*H*	*I*
1	5.8	8.2	9.4	9.3	9.1	6.7	9.5	9.4
2	12.6	10.3	9.0	9.1	9.3	11.8	8.9	9.1

　　由圖1來看，因子 *A* 與 *B* 似乎對 *SN* 比的影響較大，似乎可設定 A_2B_2。另一方面，由圖1與圖2，因子 *G* 對平均有影響，但對 *SN* 比並未影響，似乎可以將因子 *G* 當作調整因子來使用。

　　照這樣，使 *SN* 比變大之後，使用調整因子將特性調整成目標值。最後，進行確認實驗，確認重現性。

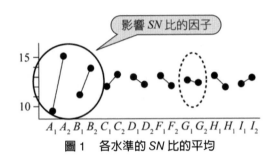

圖1　各水準的 *SN* 比的平均

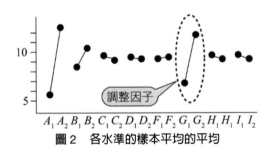

圖2　各水準的樣本平均的平均

3.略爲詳細解說

在 4-4 節中曾提及 2 水準直交表有 L_4, L_8, L_{16}…。這些形成 $4 = 2^2$, $8 = 2^3$, $16 = 2^4$, …，以素數的冪乘表示，因之稱爲素數冪乘型直交表。

另一方面，本節所述的 L_{12}, L_{18}, L_{36}…是 $12 = 2^2 \times 3$, $18 = 2 \times 3^2$, $36 = 2^2 \times 3^2$, …，這些直交表稱爲混合系直交表。

素數冪乘型直交表是取出特定的交互作用的效果。可是，未適切配置因子對主效果與交互作用效果會交絡。

相對地，混合系直交表具有將交互作用的效果，分散在所有的行中之性質。因爲未能取出交互作用的效果，所以這可以看成是弱點，可是，參數設計由於凌駕交互作用求出主效果，所以無法取出交互作用的此種性質相反地可以想成是優點。基於此事，參數設計建議利用混合系直交表。

參數設計是利用觀察圖 1 與圖 2 的圖形來判斷。如 4-4 節所述那樣，可以基於表 1 的 SN 比與樣本平均製作變異數分析表。可是，爲了簡單化，大多從圖形來判斷。取而代之，確認實驗即被強烈要求。

田口方法有輕視統計檢定的方針。它的最大理由有兩個。第一個是「因爲有意地製造出誤差，因之在服從常態分配的前提下，所建構的檢定方法並不適用」。第二是「開發設計階段，由於現行條件不存在，因之選擇稍佳的水準即可」。

另一方面，當有現行條件時，與操作時自然發生的誤差相比較，統計上檢定有無超過它的差異，當有顯著差時，就要付出成本進行條件變更。有需要檢討是否要爲有意義的差異付出成本呢？現狀的觀察或改善活動等，進行原因查明時特別是如此。

知識補充站

統計品管學家小傳：田口玄一

　　田口玄一博士出生於 1924 年，於 1942～1945 年服務於日本海軍水路部天文科，接著在公共衛生與福利部以及教育部的統計數學研究所工作。在 1950 年，他加入日本電話與電報公司新成立的電子通訊實驗室，在此他訓練工程師使用有效的技巧來提升研發活動的生產力。田口博士在該實驗室待了超過 12 年的時間，於此期間他逐漸發展了他的方法。

　　田口博士在電子通訊實驗室工作的期間，也廣泛的擔任日本企業的顧問，因此在 1950 年代的早期即有日本公司開始大規模應用田口方法，包括豐田公司及其附屬的公司。田口於 1951 年出版其第一本書介紹直交表（Orthogonal Arrays）。

　　1954～1955 年，田口博士為印度統計研究所的訪問教授，於此訪問的期間，他遇見了著名的統計學家 R. A. Fisher 與 Walter A. Shewart。

　　1957～1958 年，田口博士為一般工程師出版《實驗設計》一書（計二冊）。1962 年，田口首次拜訪美國，在普林斯頓擔任訪問教授，並至 AT&T 貝爾實驗室拜訪。同年，田口獲得日本九州島大學博士學位。

　　1964 年，田口博士成為日本東京青山學院大學的教授，此職位田口一直待到 1982 年。在 1966 年田口及一些共同作者發表〈Management by Total Results〉，此著作被吳玉印先生翻譯為中文。在此階段，雖然田口方法的應用已傳至中國、臺灣與印度，但對於西方國家而言依舊是相當陌生。至此，田口方法的應用仍停留在生產的過程，一直到 1970 年代之後，田口方法才被使用至產品設計中。

　　在 1970 年代早期，田口博士發展品質損失函數的概念，並再修訂其《實驗設計》一書。直到 1970 年代晚期，田口博士於日本已是名聲大噪，且已於 1951 年和 1953 年獲得戴明品質文獻獎（Deming Awards for Literature on Quality），1960 年獲得戴明個人獎。在講究輩分的日本傳統文化當中，田口博士能在 36 歲即獲得如此崇高的品質大獎，堪稱罕見，也愈見其發展之品質方法所受到的重視與肯定。

　　1980 年，田口以日本品質研究院（Japanese Academy of Quality）主任的身分，接受吳玉印先生之邀請至美國的公司演講。在這次的訪美活動中，田口再度拜訪 AT&T 貝爾實驗室，並由 Madhav Phadke 先生接待。雖然在語言的溝通上有些問題，但成功的實驗結果讓田口方法建立於貝爾實驗室中。

　　自 1980 年田口訪問美國之後，愈來愈多的美國工廠實施了田口方法。雖然有很多的美國統計學者對田口方法持反面的意見，多數的批評來自於田口方法缺乏嚴謹的理論背景做為支撐。然而，由於該方法在業界有不少成功的實績案例，因此很多大型企業（包括 Xerox、Ford、ITT 等）開始聚精會神地利用田口方法在各項的產品改良與製程改善。

　　1982 年，田口擔任日本標準協會（Japanese Standards Association）的顧問。1983 年田口擔任美國供貨商協會執行總裁。1984 年田口再度獲得戴明品質文獻獎。

　　田口終生獲獎無數，除了上面所提之外，田口曾獲得國際技術協會的 Willard F Rockwell Medal（1986）、美國工程科學技術名人紀念館（1988）、日本政府的 Ingigo Ribbon Award（1989）、美國自動化名人紀念館（1994）、美國品質學會的 Shewart Award（1996）、日本統計學會的 JSS Award（1996）、美國汽車名人紀念館（1997）、美國製造工程師學會的 Albert M Sargent Progress Award（1998）等，為美國品質學會和機械工程師學會的榮譽會員。

6-3 MT系統

調查從正常母體的偏離情形。

- ・進行異常值的識別（現狀掌握、要因分析）
- ・多變量管制圖與參數設計的融合（現狀掌握、要因分析、對策研擬）
- ・最適狀態的維持與管理（防止、維持、管理）

1.基本事項

MT系統是「馬哈拉諾畢斯・田口」系統（Mahatanobis-Taguchi System）的簡稱。馬哈拉諾畢斯是在多變量分析的領域中，有甚大成就的印度統計學者，特別是在統計分析中所使用的馬哈拉諾畢斯距離，即被冠上他的姓名。

MT系統基本上可以想成是使用馬哈拉諾畢斯距離的（多變量）管制圖中，組合參數設計的想法。

設想正常空間（譬如，良品的母體等，稱為單位空間），計算新個體的數據與單位空間的中心的馬哈拉諾畢斯距離，然後判斷該個體是否屬於單位空間或是不屬於單位空間。

馬哈拉諾畢斯距離是將 1-3 節與 2-2 節所述的標準化的想法，擴張成多變量數據在統計上的距離。

2.想想看

問題 1

隨機地將良品與不良品聚集各 100 個，調查原料階段的成分 A 的含有量 x。其數據如表 1 所示。

表 1　MT 系統所需的數據

No.	良・不良	x	$\hat{D}_1^2$
1	良　品	42	0
2	良　品	39	2.25
⋮	⋮	⋮	⋮
100	良　品	44	①
1	不良品	50	16.0
2	不良品	47	6.25
⋮	⋮	⋮	⋮
100	不良品	48	②

只以表 1 的良品的數據計算樣本平均、樣本變異數、樣本標準差得出如下：

$$\overline{x} = 42.0 \quad V = 2.0^2 \quad s = 2.0$$

利用這些值將 1 變數時的馬哈拉諾畢斯距離的平方如下計算：

$$\hat{D}_1^2 = \frac{(x - \overline{x})^2}{s^2} = \frac{(x - 42.0)^2}{2.0^2}$$

將此值按表 1 的各 No. 計算後，填入①、②中。

① $\hat{D}_1^2 = 2.0 \dfrac{(44 - 42.0)^2}{s^2}$ ，② $\hat{D}_2^2 = 2.0 \dfrac{(48 - 42.0)^2}{2.0^2} = 9.00$

1 變數時的馬哈拉諾畢斯距離的平方，與 1-3 節所述的數據的標準化的平方是相同的。

良品的母體稱為單位空間。「各數據」與「良品的樣本平均」的距離利用馬哈拉諾畢斯距離來測量。

問題 2

在問題 1 的設定中，某產品的原料階段中得出 $x = 46$ 之值。可否預測它是屬於良品或不良品的何者呢？

與問題 1 同樣，計算馬哈拉諾畢斯距離的平方時，即為

$$\hat{D}_1^2 = \frac{(46 - 42.0)^2}{2.0^2} = 4.00$$

這是微妙之值。

就單位空間來想。如 x 服從常態分配 $N(\mu, \sigma^2)$ 時，標準化的

$$u = \frac{x - \mu}{\sigma}$$

是服從標準常態分配 $N(0, 1^2)$（參照 2-2 節）。並且，服從標準常態分配的機率變數的平方，此機率分配稱為自由度 1 的卡方分配（表示成 $\chi^2(1)$）。

因此，$D_1^2 = u^2$ 的估計量

$$\hat{D}_1^2 = \hat{u}^2 = \frac{(x - \hat{\mu})^2}{\hat{\sigma}^2} = \frac{(x - \overline{x})^2}{s^2}$$

近似地服從 $\chi^2(1)$，在 $\chi^2(1)$ 中，比 3.844（$= 1.96^2$）大的機率是 0.05。因此，可以考慮以下的判定方式。

$$\hat{D}_1^2 < 3.84 \Rightarrow x \text{ 屬於單位空間}$$
$$\hat{D}_1^2 \geq 3.84 \Rightarrow x \text{ 不屬於單位空間}$$

如採用此判定方式，$x = 46$ 時，$\hat{D}_1^2 = 4.0$，所以判定此產品不屬於單位空間，亦即是不良品。

問題 3

問題 2 的解答中，所決定的判定方式可行嗎？有無需要再檢討的地方呢？

如使用問題 2 的解答中，所表示的判定方式時，判定「眞正是屬於單位空間的產品，而判定不屬於單位空間」的機率是 5%。可是，「眞正不屬於單位空間的產品，而判定屬於單位空間」的機率是不明的。

因此，利用表 1 的 $\hat{D}_1^2$ 之值進行各個產品的判定，製作表 2 的判定表。此判定表與 5-3 節的判別分析所表示的形式是相同的。

問題 2 中所表示的判定方式，「眞正屬於單位空間的產品，而判定不屬於單位空間」的機率是 5%，表 2 中 $\frac{6}{100} = 0.06\,(6\%)$ 也幾乎是 5%（數據因有變異所以不會恰好是 5%）。另一方面，「眞正不屬於單位空間的產品，而判定屬於單位空間」的機率由表 2 知 $\frac{5}{100} = 0.15$（15%），但這是無法事前設定的。

表 2　判定表

		判　　定		計
		單位空間內	單位空間外	
眞正	單位空間內	94	6	100
	單位空間外	15	85	100

一般是依據如表 2 的判定表來檢討境界值的妥當性。如誤判定的機率大時，此種的判定邊式即無法使用。

3. 略為詳細解說

表 1 所表示的數據形式與表 2 的判定表的形式，與 5-3 節所述的判別分析是一樣的。可是，MT 系統中只能設想一個母體（群），此母體稱爲單位空間，不屬於它的數據即判定爲異常值。

可以設想兩個群時，判別分析是有效的解析方法。可是，良品某種程度是可以設想成均質的群，但不良品卻有各種類型的不良，在無法設想成一個群的狀況中，MT 系統比判別分析更爲有效。它的概念如圖 1 所示。

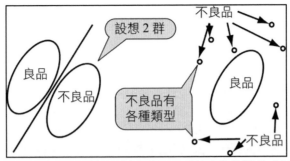

圖1　判別分析有效的情形（左）與 MT 系統有效的情形（右）

以 MT 系統進行解析的方針與 3-5 節所述的管制圖是一樣的。單位空間對應管制圖中的組。問題 2 的解答中曾提及判定時的境界值是對應管制圖中的管制界限。

MT 系統比（多變量）管制圖新穎的地方是在於，將參數設計的想法引進到 MT 系統中再選擇有幫助的變數。對管制圖來說，事前並未準備受控的數據，但 MT 系統卻事先提供有不屬於單位空間的數據。使用此選擇有用數據，計算馬哈拉諾畢斯距離。

並且，不良品不易設想為均質的群，而採取良品當作均質的群，掌握其中的異常性，推出如此明確的指針是容易理解且新鮮的。

表3　MT 系統所需的數據（變數 2 個時）

No.	良・不良	x_1	x_2
1	良　品	42	62
2	良　品	39	57
⋮	⋮	⋮	⋮
100	良　品	44	71
1	不良品	50	83
2	不良品	47	79
⋮	⋮	⋮	⋮
100	不良品	48	80

就 2 變數的馬哈拉諾畢斯距離予以說明。設想成如表 3 的數據。

良品的母體想成單位空間，只依據單位空間的數據，計算 x_1 的樣本平均 $\bar{x}_1$ 與樣本標準差 s_1，x_2 的樣本平均 $\bar{x}_2$ 與樣本標準差 s_2，以及 x_1 與 x_2 的相關係數 r_{12}。

此時使用向量與矩陣的逆矩陣，定義馬哈拉諾畢斯距離如下。

$$\hat{D}_2^2 = (\hat{u}_1, \hat{u}_2) \begin{bmatrix} 1 & r_{12} \\ r_{12} & 1 \end{bmatrix}^{-1} \begin{pmatrix} \hat{u}_1 \\ \hat{u}_2 \end{pmatrix} = \frac{1}{1-r_{12}^2}(\hat{u}_1^2 + \hat{u}_2^2 - 2r_{12}\hat{u}_1\hat{u}_{12})$$

$$\hat{u}_1 = \frac{x_1 - \overline{x}_1}{s_1}$$

$$\hat{u}_2 = \frac{x_2 - \overline{x}_2}{s_2}$$

如無相關，亦即 $r_{12} = 0$ 時，即成爲 $\hat{D}_2^2 = \hat{u}_1^2 + \hat{u}_2^2$。此情形即爲問題 1 所敘述的 1 變數時的馬哈拉諾畢斯距離的平方相加的量。

可是，一般來說變數間有相關，所以必須考慮它。如 x_1 與 x_2 有強烈正相關時，$\hat{D}_2^2 = \hat{u}_1^2 + \hat{u}_2^2$ 形成過度的評估，因之憑藉相關的強度當作扣除量，再求馬哈拉諾畢斯距離的平方。實際上，$r_{12} = 1$ 時（亦即 $x_1 = ax_2$ 時），$\hat{D}_2^2 = \hat{u}_1^2$ 是可用數學導出的。如 $r_{12} = 1$ 時，x_1 與 x_2 具有相同的資訊（一方知道時，另一方即可無誤地知道），所以將這些重複計算二次後，當作 $\hat{D}_2^2 = \hat{u}_1^2 + \hat{u}_2^2$ 是不適切的，$\hat{D}_2^2 = \hat{u}_1^2$ 即可。

2 變數時，在單位空間內，馬哈拉諾畢斯距離的平方是近似地服從自由度 2 的卡方分配。基於它決定判定的境界線，如先前那樣利用判定表檢討妥當性。

3 變數時，馬哈拉諾畢斯距離的平方即爲如下：

$$\hat{D}_2^2 = [\hat{u}_1, \hat{u}_2, \hat{u}_3] \begin{bmatrix} 1 & r_{12} & r_{12} \\ r_{12} & 1 & r_{23} \\ r_{12} & r_{23} & 1 \end{bmatrix}^{-1} \begin{bmatrix} \hat{u}_1 \\ \hat{u}_2 \\ \hat{u}_3 \end{bmatrix}$$

此量在單位空間內，近似服從自由度 3 的卡方分配。

p 變數時，馬哈拉諾畢斯距離的平方即爲

$$\hat{D}_2^2 = [\hat{u}_1, \hat{u}_2, \cdots \hat{u}_p] \begin{bmatrix} 1 & r_{12} & \cdots & r_{1p} \\ r_{12} & 1 & & r_{2p} \\ \vdots & \vdots & \ddots & \vdots \\ r_{12} & r_{23} & \cdots & 1 \end{bmatrix}^{-1} \begin{bmatrix} \hat{u}_1 \\ \hat{u}_2 \\ \vdots \\ \hat{u}_p \end{bmatrix}$$

在單位空間內，近似服從自由度 p 的卡方分配。

所有的變數不一定有助於判定，因之引進參數設計的想法再進行變數選擇。

第7章
EXCEL資料分析

7-1 資料分析工具

1.基本事項

　　EXCEL 安裝有稱為〔資料分析〕工具的增益軟體。

　　要啟動資料分析之工具，之前有需要將資料分析之工具載入 EXCEL 中。當按一下 EXCEL 清單的〔資料〕時，如未出現〔資料分析〕的選項時，由於並未載入資料分析，因之首先有需要進行載入。

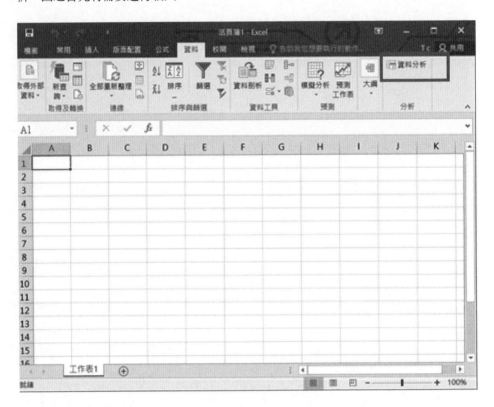

　　資料分析工具的載入可按如下進行。點選工具列中的任一圖像按右鍵，選擇〔自訂快速存取工具列〕。

出現如下畫面後，點選〔增益集〕。再按一下〔執行〕。

　　出現增益集畫面後，選擇〔分析工具箱〕與〔分析工具箱－VBA〕。勾選☑後，上述兩項增益集即被選擇，最後按一下 確定 。

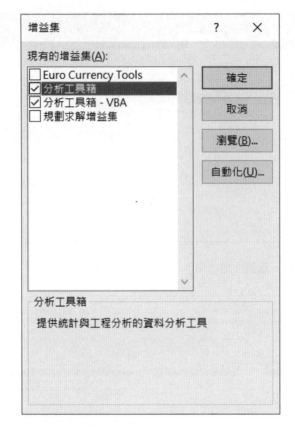

於是，資料分析即被引進。此時點選工具列中的〔資料〕後，右方就會出現〔資料分析〕。

■ 所收錄的方法

〔資料分析〕中收錄有 19 種手法。

I. 基本的統計手法

・基本統計量

・順位與百分位數

・直方圖

II. 統計的檢定

・F 檢定（使用 2 樣本之變異數比之檢定）

・t 檢定（利用一對樣本的平均檢定）

・t 檢定（假定等變異數利用 2 樣本之平均檢定）

・t 檢定（未假定等變異數利用 2 樣本之平均檢定）

・z 檢定（使用 2 樣本的平均檢定）

III.變異數分析
 ・ 一元配置
 ・ 二元配置（有重複時）
 ・ 三元配置（無重複時）
IV.相關分析與迴歸分析
 ・ 相關
 ・ 共變異數
 ・ 迴歸分析
V. 其他
 ・ 指數平滑
 ・ 傅立葉解析
 ・ 移動平均
 ・ 亂數發生
 ・ 抽樣

〔資料分析〕中收錄有
19種分析手法。

　您只需要為每個分析提
供資料和參數，工具就會
使用適當的統計或工程巨
集函數，來計算並在輸出
表格中顯示結果。有些工
具除了輸出表格外，還會
產生圖表。

2.想想看

說明使用資料分析，計算基本統計量的例子。
假定資料如下輸入。

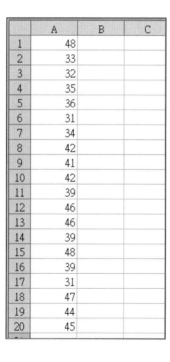

	A	B	C
1	48		
2	33		
3	32		
4	35		
5	36		
6	31		
7	34		
8	42		
9	41		
10	42		
11	39		
12	46		
13	46		
14	39		
15	48		
16	39		
17	31		
18	47		
19	44		
20	45		

　　從清單選擇〔工具〕-〔資料分析〕時,會出現如下的對話框,選擇〔敘述統計〕後,按 確定 。

出現如下的對話框,因之輸入所需項目後,按 確定 。

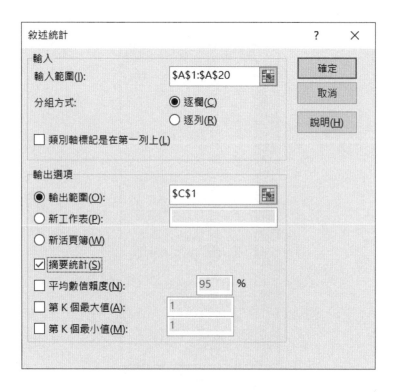

得出如下的結果。

	A	B	C	D	E
1	48		欄1		
2	33				
3	32		平均數	39.9	
4	35		標準誤	1.311688	
5	36		中間值	40	
6	31		眾數	39	
7	34		標準差	5.866049	
8	42		變異數	34.41053	
9	41		峰度	-1.36421	
10	42		偏態	-0.1506	
11	39		範圍	17	
12	46		最小值	31	
13	46		最大值	48	
14	39		總和	798	
15	48		個數	20	
16	39				
17	31				
18	47				
19	44				
20	45				

3.略為詳細解說

再進一步說明使用資料分析製作直方圖的例子。

假定資料如下輸入。

	A	B	C
1	48		上側境界值
2	43		40.5
3	51		45.5
4	56		50.5
5	55		55.5
6	58		
7	39		
8	48		
9	55		
10	44		
11	46		
12	41		
13	40		
14	45		
15	46		
16	39		
17	47		
18	47		
19	50		
20	48		

並且，各區間的上側境界值已計算，且已加以設定（工作表的 C 行）。
從清單選擇〔工具〕–〔資料分析〕，出現如下對話框，選擇〔直方圖〕，然後按
確定。

輸入範圍及組界範圍如下輸入，於輸出選項中勾選〔圖表輸出〕。

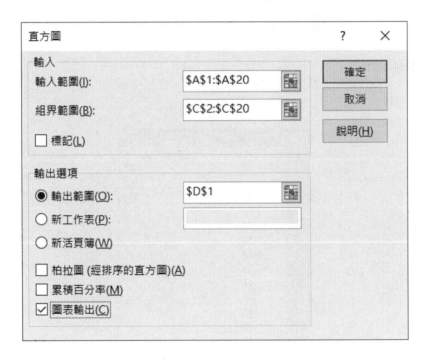

在對話框之中輸入所需項目之後，按 確定 ，即可得出如下的結果。

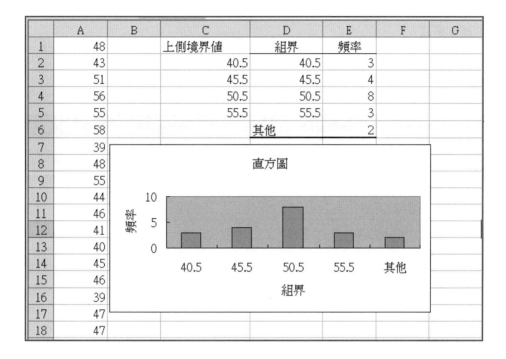

	A	B	C	D	E	F	G
1	48		上側境界值	組界	頻率		
2	43		40.5	40.5	3		
3	51		45.5	45.5	4		
4	56		50.5	50.5	8		
5	55		55.5	55.5	3		
6	58			其他	2		
7	39						
8	48						
9	55						
10	44						
11	46						
12	41						
13	40						
14	45						
15	46						
16	39						
17	47						
18	47						

7-2 統計常用EXCEL函數指令

1. 基本事項

　　EXCEL 提供了很多常用的機率分配函數，只要按視窗的〔公式〕，在〔插入函數〕 fx 內，從函數類別下選擇〔統計〕，即可找到所要的機率函數。以下是常使用的機率分配指令。

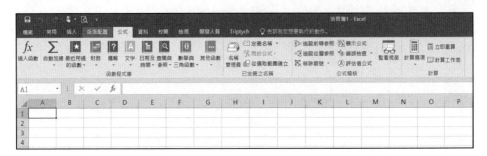

　　〔選取類別 (C)〕：點選統計，再從〔選取函數 (N)〕中選擇所需者。

若使用上有問題時，可點選〔函數說明〕，即可提供說明。

2. 想想看

(1)二項分配函數

傳回二項分配的機率值。

語法：

BINOM.DIST（number_s、trials、probability_s、cumulative）

Number_s：欲求解的實驗成功次數。

Trials：獨立實驗的次數。

Probability_s：每一次實驗的成功機率。

Cumulative：為一邏輯值，主要用來決定函數的型態。如果 cumulative 為 TRUE，則傳回累加分配函數值，其代表最多有幾次成功的機率；如果其值為 FALSE，則傳回機率密度函數的機率值，代表有幾次成功的機率。

(2) 波瓦松分配函數

傳回波瓦松分配之機率值。

語法：

POISSON（x、mean、cumulative）

X：是事件的次數。

Mean：是期望值。

Cumulative：是一個邏輯值，用來決定機率分配傳回值的格式。如果 cumulative 是 TRUE，將傳回事件發生從 0 到 X 的波瓦松累積機率值；如果 cumulative 是 FALSE，將傳回事件的數目正好是 X 的波瓦松機率密度函數的機率值。

(3) 常態分配函數

根據指定之平均數和標準差，傳回其常態累積分配函數的機率值。

語法：

NORM.DIST（x、mean、standard_dev、cumulative）

X：是要求分配之數值。

Mean：是此分配的算術平均數。

Stand_dev：是分配的標準差。

Cumulative：是決定函數形式的邏輯值。如果 cumulative 是 TRUE，則傳回累積分配函數的機率值；如果是 FALSE，則傳回機率密度函數的機率值。

(4) 常態分配函數之反函數

根據指定的平均數和標準差，傳回其常態累積分配函數之反函數值。

語法：

NORM.INV（probability、mean、standard_dev）

Probability：為常態分配所使用的機率。

Mean：是此分配的平均值。

Standard_dev：是此分配的標準差。

(5) 標準常態分配函數

傳回標準常態累積分配函數的機率值。此分配的平均值是 0 和標準差 1。

語法：

NORM.S.DIST（z）

Z：是分配中的數值。

(6) 標準常態分配函數之反函數

傳回平均數為 0，且標準差為 1 的標準常態累積分配函數的反函數值。

語法：

NORM.S.INV（probability）

Probability：是對應於常態分配的機率。

(7) t 分配函數

傳回已知分配數值與自由度的 t 分配之機率值。

語法：

TDIST（x、degrees_freedom、tails）

X：是要用來評估分配的數值。

Degrees_freedom：是用來指定自由度。

Tails：指定要傳回的分配尾數的個數。如果 tails = 1，則 TDIST 傳回單尾分配。如果 tails = 2，則 TDIST 傳回雙尾分配。

(8) t 分配函數值之反函數

傳回已知機率與自由度的 t 分配的反函數值。

語法：

TINV（probability、degrees_freedom）

Probability：是一個雙尾 t- 分配的機率值。

Degrees_freedom：是構成該分配的自由度。

(9) 卡方分配函數

傳回右尾卡方分配的機率值。

語法：

CHISQ.DIST.RT（x、degrees_freedom）

X：為卡方分配上的數值。

Degrees_freedom：自由度。

RT：Right Tail（右尾）。

(10) 卡方分配函數之反函數

傳回右尾卡方分配的反函數值。

語法：

CHISQ.INV.RT（probability、degrees_freedom）

Probability：為卡方分配所使用的機率。

Degrees_freedom：自由度。

RT：Right Tail（右尾）。

(11) F 分配函數

傳回右尾 F 分配的機率值。

語法：

F.DIST.RT（x、degrees_freedom1、degrees_freedom2）

X：為用來求算此函數的參數數值。

Degrees_freedom1：分子的自由度。

Degrees_freedom2：分母的自由度。

RT：Right Tail（右尾）。

(12) F 分配函數之反函數

傳回 F 機率分配的反函數值。

語法：

F.INV（probability、degrees_freedom1、degrees_freedom2）

Probability：是和 F 累加分配有關的機率值。

Degrees_freedom1：分子的自由度。

Degrees_freedom2：分母的自由度。

3. 略為詳細解說

(1) 二項分配函數

例題 1

擲一枚銅板出現正面的機率為 0.5，則在 10 次實驗中恰出現 6 次正面的機率為：

解：

BINOM.DIST（6，10，0.5，FALSE）等於 0.205078

函數引數		? ✕
BINOM.DIST		
Number_s	6	= 6
Trials	10	= 10
Probability_s	0.5	= 0.5
Cumulative	false	= FALSE
		= 0.205078125

傳回在特定次數之二項分配實驗中，實驗成功的機率

　　　　Cumulative　為一邏輯值: TRUE 則採用累加分配函數; FALSE 則採用機率質量函數。

計算結果 =　0.205078125

函數說明(H)　　　　　　　　　　　　　　　　　　　確定　　取消

例題 2

在某一地區中，5 個 70 歲的老人中，有 3 個可以活到 80 歲。今從該地區中，隨機抽取 10 人，是求至少有 8 人，可以再多活 10 年的機率？

解：

P（至少有 8 人）

= 1 − P（至多有 7 人）

= 1 − BINOM.DIST（7，10，0.6，TRUE）

= 1 − 0.83271

= 0.16729

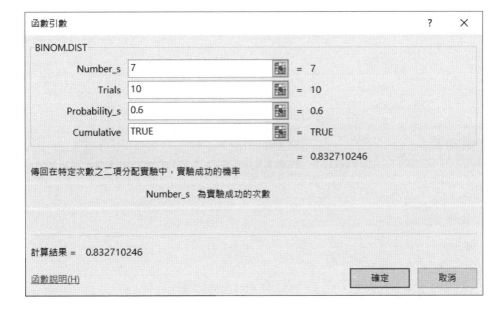

(2)波瓦松分配函數

例題 3

假設在高速公路上平均每天有五次車禍發生，若 X 為某一天發生車禍之隨機變數，求下列各項機率：

(1) 沒有發生車禍。

(2) 至多 2 次車禍。

解：

(1) $P(X = 0) = POISSON(0，5，FALSE) = 0.006737947$

(2)P（X ≦ 2）＝ POISSON（2，5，TRUE）＝ 0.124652019

(3) 常態分配函數

例題 4

以考試為例，如果考試完畢，知道平均 ＝ 48，標準差 ＝ 13，則某一考生成績為 68，
其表現如何？

解：

P（小於等於 68）= NORM.DIST（68，48，13，TRUE）等於 0.938032081。

考試成績比該考生差的人約有 93.8%。

函數引數		?	×
NORM.DIST			
X	68	=	68
Mean	48	=	48
Standard_dev	13	=	13
Cumulative	TRUE	=	TRUE
		=	0.938032097

傳回指定平均數和標準差下的常態分配

　　　　　　Cumulative　為一邏輯值: 當為 TRUE 時, 採用累加分配函數; 為 FALSE 時, 採用機率密度
　　　　　　　　　　　　函數。

計算結果 = 　0.938032097

函數說明(H)　　　　　　　　　　　　　　　　　　　　確定　　取消

(4)常態分配函數之反函數

例題 5

以考試為例，如果考試完畢，知道平均 = 48，標準差 = 13，如果想淘汰 80% 的考生，則及格標準應該定為多少？

解：

NORM.INV（0.80，48，13）等於 58.94107802，及格標準應該定為 59 分。

(5) 標準常態分配

例題 6

P（標準常態分配 ≦ 1.96）

解：

NORM.S.DIST（1.96,TRUE）等於 0.975002105

例題 7

假設成人男性體重接近常態分布，其平均值 = 65 公斤，標準差 = 7 公斤，則成人男性體重介於 60 公斤與 70 公斤者之機率為多少？

解：

$P(60 \leqq X \leqq 70) = P\{(60 - 62)/7 \leqq (X - 62)/7 \leqq (70 - 62)/7\}$

$= P(-0.2857 \leqq Z \leqq 1.1429)$

$=$ NORM.S.DIST $(1.1429) -$ NORM.S.DIST (-0.2857)

$= 0.873459892 - 0.387554015 = 0.485905877$

(6) 標準常態分配函數之反函數

例題 8

若 P（標準常態分配 $\leqq$ z）= 0.90，則 z = ?

解：

z = NORM.S.INV（0.90）= 1.281550794

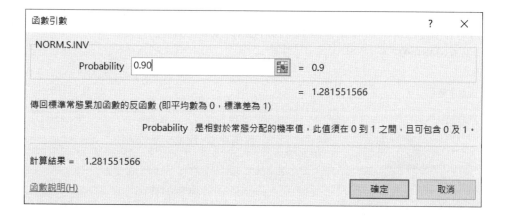

(7) t 分配函數

例題 9

(1) 若自由度 25，P（T $\geqq$ 2）= TDIST.RT（2，25，1）= 0.028237989。

函數引數   ?   ✕

T.DIST.RT

X   `2`   ▦   = 2

Deg_freedom   `25`   ▦   = 25

= 0.02823799

傳回右尾 Student's 式 T 分配值

Deg_freedom   為一正整數，表示分配的自由度。

計算結果 = 0.02823799

函數說明(H)   確定   取消

(2) 若自由度為 60，$P(|T| \geq 1.96) = TDIST(1.96，60，2)$
   $= 0.054644927$。

函數引數   ?   ✕

T.DIST.2T

X   `1.96`   ▦   = 1.96

Deg_freedom   `60`   ▦   = 60

= 0.05464493

傳回雙尾 Student's 式 T 分配值

Deg_freedom   為一正整數，表示分配的自由度。

計算結果 = 0.05464493

函數說明(H)   確定   取消

(8) t 分配函數值之反函數

例題 10

若自由度為 60，$P(|T| \geq t) = 0.054645$，則 t = ？

解：

t = TINV.2T（0.054645，60）= 1.96

函數引數　　　　　　　　　　　　　　　　　　　　　　?　　×

T.INV.2T

　　　　Probability　0.054645　　　　　　= 0.054645

　　　　Deg_freedom　60　　　　　　　　= 60

　　　　　　　　　　　　　　　　　　= 1.959999413

傳回 Student's 式 T 分配的雙尾反值

　　　　　　Deg_freedom　為一正整數，表示分配的自由度。

計算結果 = 1.959999413

函數說明(H)　　　　　　　　　　　　　　　確定　　　取消

(9) 卡方分配函數

例題 11

若自由度為 10，P（X > 18.307）= ？

解：

P（X > 18.307）= CHISQ.DIST.RT（18.307，10）= 0.050001

函數引數　　　　　　　　　　　　　　　　　　　　　　?　　×

CHISQ.DIST.RT

　　　　　　X　18.307　　　　　　　　　= 18.307

　　Deg_freedom　10　　　　　　　　　　= 10

　　　　　　　　　　　　　　　　　= 0.050000589

傳回右尾卡方分配的機率值

　　　　　　Deg_freedom　為自由度。其範圍可為 1 到 10^10，但不包括 10^10。

計算結果 = 0.050000589

函數說明(H)　　　　　　　　　　　　　　　確定　　　取消

(10) 卡方分配函數之反函數

例題 12

若自由度為 10，$P(X > a) = 0.05$，求 $a = ?$

解：

$a = \text{CHISQ.INV.RT}(0.05，10) = 18.30703$

函數引數		? ✕
CHISQ.INV.RT		
Probability	0.05	= 0.05
Deg_freedom	10	= 10
		= 18.30703805

傳回卡方分配之右尾機率的反傳值

　　　　　Deg_freedom　為自由度．其範圍可為 1 到 10^10，但不包括 10^10．

計算結果 =　18.30703805

函數說明(H)　　　　　　　　　　　　　　　　　　確定　　取消

(11) F 分配函數

例題 13

是求分子自由度為 6，分母自由度為 4，$P(F > 15.20675) = ?$

解：

$P(F > 15.20675) = \text{F.DIST.RT}(15.20675，6，4) = 0.01$

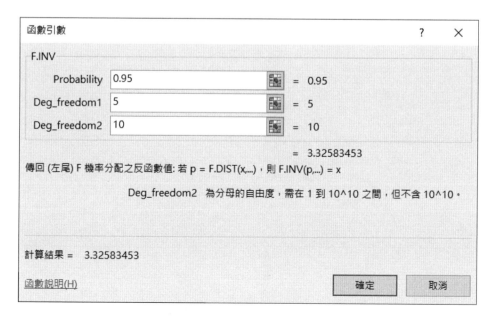

(12) F 分配函數之反函數

例題 14

是求自由度為 5、10，P（F ≦ a）= 0.95 之臨界值 a。

解：

若 P（F ≦ a）= 0.05。

a = FINV（0.05，5，10）= 3.325837

參考文獻

1. 山田秀，TQM 品質管理入門，日經文庫，2006。
2. 山田秀，品質管理的改善入門，日經文庫，2007。
3. 永田靖，品質管理的統計方法，日經文庫，2008。
4. 井上清和等，入門參數設計，日科技連出版社，2009。
5. 越水重臣等，實踐品質工學，日刊工業新聞社，2007。
6. 立林和夫，入門田口方法，日科技連出版社，2004。

國家圖書館出版品預行編目資料

圖解品管統計方法／陳耀茂著. -- 初版.
 -- 臺北市：五南圖書出版股份有限公司,
 2021.01
　　面；　公分
　ISBN 978-986-522-374-8（平裝）

　1.品質管理　2.統計方法　3.推論統計

494.56　　　　　　　　109019082

5BJ3

圖解品管統計方法

作　　　者 ─ 陳耀茂（270）

發 行 人 ─ 楊榮川

總 經 理 ─ 楊士清

總 編 輯 ─ 楊秀麗

主　　編 ─ 王正華

責任編輯 ─ 金明芬

封面設計 ─ 姚孝慈

出 版 者 ─ 五南圖書出版股份有限公司

地　　　址：106台北市大安區和平東路二段339號4樓

電　　　話：(02)2705-5066　　傳　　真：(02)2706-6100

網　　　址：https://www.wunan.com.tw

電子郵件：wunan@wunan.com.tw

劃撥帳號：01068953

戶　　　名：五南圖書出版股份有限公司

法律顧問　林勝安律師事務所　林勝安律師

出版日期　2021年1月初版一刷

定　　　價　新臺幣300元

經典永恆・名著常在

五十週年的獻禮 —— 經典名著文庫

五南，五十年了，半個世紀，人生旅程的一大半，走過來了。

思索著，邁向百年的未來歷程，能為知識界、文化學術界作些什麼？

在速食文化的生態下，有什麼值得讓人雋永品味的？

歷代經典・當今名著，經過時間的洗禮，千錘百鍊，流傳至今，光芒耀人；

不僅使我們能領悟前人的智慧，同時也增深加廣我們思考的深度與視野。

我們決心投入巨資，有計畫的系統梳選，成立「經典名著文庫」，

希望收入古今中外思想性的、充滿睿智與獨見的經典、名著。

這是一項理想性的、永續性的巨大出版工程。

不在意讀者的眾寡，只考慮它的學術價值，力求完整展現先哲思想的軌跡；

為知識界開啟一片智慧之窗，營造一座百花綻放的世界文明公園，

任君遨遊、取菁吸蜜、嘉惠學子！